锡焊料合金制造工艺技术手册

严孝钏　编著

北　京
冶 金 工 业 出 版 社
2023

内容提要

本书主要介绍用于焊接电路板的锡合金材料的制备工艺技术，包括无铅焊料系列配方、实用锡铅焊料系列配方、锡焊料中间合金冶炼技术、稀土元素的应用、电镀锡阳极板多功能模具、抗氧化锡合金，以及焊锡丝助焊剂等。

本书可供从事电子电器、机械、汽车、航空航天、通讯、军工等工业焊接材料的科研、生产人员阅读，也可供相关领域大专院校师生参考。

图书在版编目(CIP)数据

锡焊料合金制造工艺技术手册/严孝钏编著.—北京：冶金工业出版社，2021.8（2023.11 重印）

ISBN 978-7-5024-8845-1

Ⅰ.①锡… Ⅱ.①严… Ⅲ.①锡合金—生产工艺—手册 Ⅳ.①TG146.1-62

中国版本图书馆 CIP 数据核字(2021)第 119651 号

锡焊料合金制造工艺技术手册

出版发行 冶金工业出版社　**电　话** (010)64027926

地　址 北京市东城区嵩祝院北巷 39 号　**邮　编** 100009

网　址 www.mip1953.com　**电子信箱** service@mip1953.com

责任编辑 卢 敏　美术编辑 吕欣童　版式设计 禹 蕊

责任校对 葛新霞　责任印制 窦 唯

北京捷迅佳彩印刷有限公司印刷

2021 年 8 月第 1 版，2023 年 11 月第 2 次印刷

710mm×1000mm 1/16；6.75 印张；74 千字；95 页

定价 88.00 元

投稿电话 (010)64027932　投稿信箱 tougao@cnmip.com.cn

营销中心电话 (010)64044283

冶金工业出版社天猫旗舰店 yjgycbs.tmall.com

（本书如有印装质量问题，本社营销中心负责退换）

序　言

锡和锡合金在我国已有上千年的应用历史。在近代工业中，锡焊料是机械、电子电器工业生产中重要的装联材料，特别是在航空航天、医疗器械、汽车、化工、通讯、军工等方面应用广泛。而应用范围和领域的扩大，对锡基焊料的可靠性、适应性的要求也越来越高，常用的简单的锡铅二元合金焊料已满足不了需要，锡焊料合金材料的多元化成为发展必然趋势。

《锡焊料合金制造工艺技术手册》是一本关于锡焊料合金的实用手册，是对电子锡焊料材料行业有实际实用价值的工具书，也是电子锡焊料材料行业中老、中、青“三代”企业家生产实践的结晶。该书的价值和实用性在于它是用“匠人精神”，从“实践第一”基本原则出发，通过总结实践—失败—再实践，直至成功的经验而成。所以，书中虽然少有对冶金原理和金属特性的描述和分析，但具有很高的生产实际价值。

书中锡焊料的多元合金成分，依据使用者的要求及各金属性质、熔点、金属密度、氧化和烧损，以及多金属的互熔性等存在差异。以锡、铅金属为基体的焊料，根据焊接性能和温度等要求的不同，涉及的其他金属有：有色重金属、轻金属、贵金属、稀有、稀散、稀土金属等，例如：Cu、Zn、Ni、Sb、Bi、Cd、Al、Ti、Au、Ag、Pd、Co、Ge、Ga、In、Re 等，以及非金属元素 P 和 S。锡焊料的成分设计对其性能至关重要。

手册中有诸多锡焊料合金的配方、熔炼工艺和技术条件、观察检测方法和手段、相应的配套适用设备等，包含着著者毕生的实践经验、技术诀窍、从未公开的工艺技术和专利技术等。

这里需要指出的是，著者已年逾九十，经历几度风雨、几度春秋的蹉跎岁月，独步进入 21 世纪 20 年代，是我国锡铅焊料行业发展的开拓者、见证者和实践者。其耗时两年时间，编纂完成本手册。其敬业之心，难能可贵。暮年之际，著者的心愿是将毕生实践经验，留传给后来者，作为对国家、对社会的一种回报。

中国电子材料行业协会
电子锡焊料材料分会终身名誉理事长 孟广寿

2020. 10

前　　言

新中国成立不久，百业待兴，上海的化工、电子工业蓬勃兴起，对如铅管、铅板与锡焊料等的需求大增。借此，上海铅锡材料厂成立，制造铅、锡产品，供应配套，并于1952年发明生产出首批含有焊剂芯的焊锡丝，是当时国内唯一的一家铅材料和锡焊料制造工厂。

21世纪初，欧盟发起锡焊料产品改革，提出并确定电子产品中使用的锡焊料必须要用无铅的焊料。而当时国内锡焊料企业，对无铅焊料的合金组成、冶炼技术了解甚少，用户对如何焊接使用懂的也不多。实际上在20世纪70年代时，上海铅锡材料厂已具备无铅锡焊料的制造技术，可以生产被称为“特种软焊料”的SnCu、SnAgCu等无铅焊料。当时这种锡焊料的使用对象不是电子焊接行业，而是制糖制酒等行业。因酒、糖是食品而不能含有铅等有害元素，所以使用的焊料必须是无铅的。

随着新能源太阳能发电光伏工业的萌芽和发展，尤其光伏焊带企业如雨后春笋，在江苏扬中等地大力发展。而光伏铜带须以锡焊料采用热镀锡工艺焊接，故需要使用大量的Sn63/37锡焊料。此前的焊带很不理想，达不到制造太阳能电池板用户的使用指标要求。由于光伏焊接的质量问题会造成太阳能发电效果欠佳。因此锡焊料合金配方需要创新来满足光伏焊带企业的要求。经过深入考察研究后，本人研发了Sn60Pb40配方，具体如下：

（1）添加了0.5%的纯锑，以提高光亮度和抗拉强度；

（2）添加了0.3%~0.5%的纯铋，可加强锡焊料液态流动性，降低熔点；

（3）添加0.08%~0.1%的纯铟，可提高锡焊料的可焊性。

使用Sn60Pb40配方可提升镀锡层面润湿性、光滑性，并可节约成本约每吨4500元。

新锡焊料不仅在质量上得到全面提高，同时为光伏焊带行业节约用锡成本，达到可观的社会效益。

本手册适用于从事电子电器、机械、汽车、航空航天、通讯、军工等工业焊接的科研、管理、生产技术人员阅读，也可供大专院校相关专业师生参考。

本书的出版得益于中国电子材料行业协会电子锡焊料材料分会理事长、广东南海安臣锡品制造有限公司陈颖董事长，昆山市天和焊锡制造有限公司周道明总经理，昆山成利焊锡制造有限公司苏传猛总经理的大力支持和赞助，在此特致以诚挚的敬意和感谢。

手册经孟广寿教授精深审阅，并提出宝贵的指导意见，使书中不妥之处得以修正，对孟广寿教授致以真诚的感谢，并对其关心支持锡焊料行业科技进步和科技创新之精神，致以崇高敬意。

严孝钏

2020. 11. 5

目　录

1　非经典锡焊料实用技术与特殊工艺的重要性

锡焊料产品根据应用的领域可分为两大类：固体耗用产品与液态工艺产品。固体耗用产品有焊锡条丝、电镀阳极棒、锡粉、锡球、焊锡膏等。其中，近几年来研发的直径 0.10mm 的含芯剂焊锡丝与直径 0.3mm 的含焊剂的锡纯铋焊丝生产技术先进、性能优良。液态工艺产品是使用锡液态焊接工艺的锡焊料。液态工艺产品主要有：线路板热镀锡锡焊料、适用于波峰焊的锡焊料、适用于光伏焊的锡焊料、适用于热浸焊的锡焊料、热镀锡铜丝用锡焊料。

这 5 种锡焊料的被焊件都是铜质材料，如铜箔热风整平线路板、使用波峰焊的铜质元件、铜制光伏焊带、使用热浸焊的铜引线二极管等元件、热镀铜丝等。在液态爆接工艺中，铜质被焊件经高温锡液熔蚀，会使锡焊料含铜量迅速提高。故实际使用中铜含量有严格的控制，如波峰焊铜含量不能超越 0.2%~0.25%，线路板铜含量不能超越 0.15%，光伏镀锡铜带铜含量不能超 0.10%，热浸焊工艺铜的含量不能超 0.20%。如果超过上述标准，必须要采用除铜措施，才能继续恢复生产。在 SnCu 无铅焊料的生产实践中，Cu 的最低含量一般为 0.2%~0.4%，最高为 0.5%~0.9%。

如果铜含量高于上述标准，则会造成如下后果：锡焊料的熔点升高，锡焊料的流动性变差，焊接性能降低，被焊体表面产生毛刺、拉尖、颗粒等，焊点连桥漏电，焊体电阻升高，焊体光亮度降低甚至消失，焊体力学性能降低、抗拉强度减退，焊体产生气泡麻点，焊体针眼多，会产生脆性等。

根据上述由于铜含量增加带来的害处，以及用户对锡焊料的其他特殊要求，如可焊性、光亮度、抗拉强度、使用寿命等，需要在锡焊料合金中添加有益的金属元素来提高锡焊料性能。这就要求焊料企业研制新的锡焊料，来满足用户对优质焊料的需求。由此突出了非经典锡焊料实用技术与特殊工艺的重要性。

2 非经典实用无铅锡焊料配方

2.1 适用于波峰焊热浸焊的无铅锡焊料

表2-1和表2-2所列为适用于波峰焊热浸焊的无铅锡焊料的配方和实际投料量。本配方锡焊料可用于波峰焊机焊接线路元件，也适用于热浸焊的热镀工艺。如果热浸焊高温工艺，锡液温度在450℃以上，在此高温条件下必须要添加高温抗氧化合金，添加量为1‰~1.2‰，作锡液表面的覆盖剂，促使消除锡灰和锡渣的产生，达到节约耗锡量的目的，并取得净化焊接质量的效果。如果浸焊是低温工艺，例如焊接直径小于0.2mm的铜线，则不添加抗氧化合金。

表2-1 无铅锡铜焊料配方

金属	锡	铋	铟	铜	镍	锑	合计
质量比/%	99.27	0.3	0.1	0.2	0.03	0.1	100

表 2-2　锡铜实际投料量（以 1000kg 为基量）

金属	纯锡	纯铋	纯铟	铜合金		镍合金		锑合金		合计
				锡	铜	锡	镍	锡	锑	
				90%	10%	95%	5%	95%	5%	
投料/kg	968	3	1	20		6		2		1000

注：应添加第四代抗氧化合金 1~1.2kg。

2.2　适用于波峰焊热风整平的无铅锡焊料

表 2-3 和表 2-4 所列为适用于波峰焊，热风整平的无铅锡银铜焊料配方和实际投料量。本配方必须用中间合金冶炼工艺，其配比是纯锡为 90%，纯银为 10%。工艺为以纯锡为基料，液温在 1100℃以上，投入纯银，银熔化后，搅匀，并镇净 15min，使 SnAg 合金结晶细化稳定。绝对不能把纯银直接加入锡合金中熔化，不管是银粒还是银锭，否则会造成银的化学成分偏析、结晶粗化等的质量问题。正确工艺详见 4.3 节中间合金冶炼工艺。

表 2-3　锡银铜无铅焊料配方

金属	锡	银	铋	铜	镍	锑	合计
配比/%	96.46	2.86	0.25	0.15	0.03	0.25	100

表 2-4　锡银铜无铅焊料实际投料量（以 1000kg 为基量）

金属	纯锡	纯铋	银合金		铜合金		镍合金		锑合金		合计
			锡	银	锡	铜	锡	镍	锡	锑	
			90%	10%	95%	5%	95%	5%	50%	50%	
投料/kg	685.5	2.5	286		15		6		5		1000

2.3　二极管浸焊专用锡铜无铅焊料

表 2-5 和表 2-6 所列为二极管浸焊专用锡铜无铅焊料配比和实际投料量。

表 2-5　二极管浸焊专用锡铜无铅焊料配比

金属	锡	铋	铟	铜	镍	锑	合计
质量比/%	99.02	0.5	0.05	0.1	0.03	0.3	100

表 2-6　二极管浸焊专用锡铜无铅焊料实际投料量（以 1000kg 为基量）

<table>
<tr><td rowspan="3">金属</td><td rowspan="3">纯锡</td><td rowspan="3">纯铋</td><td rowspan="3">纯铟</td><td colspan="2">锡铜合金</td><td colspan="2">锡镍合金</td><td colspan="2">锡锑合金</td><td rowspan="3">合计</td></tr>
<tr><td>锡</td><td>铜</td><td>锡</td><td>镍</td><td>锡</td><td>锑</td></tr>
<tr><td>90%</td><td>10%</td><td>95%</td><td>5%</td><td>50%</td><td>50%</td></tr>
<tr><td>投料/kg</td><td>972.5</td><td>5</td><td>0.5</td><td colspan="2">10</td><td colspan="2">6</td><td colspan="2">6</td><td>1000</td></tr>
</table>

注：应投放高温抗氧化合金。

二极管浸焊的设备为电阻炉和不锈钢锅。二极管浸焊专用锡铜无铅焊料的制备注意以下几点：

（1）把带铜引线插在板上，约 200 支。引线先浸上助焊剂，待烘干后，再浸入锡液中镀上锡层。

（2）得到的镀锡层应是无毛刺、滋润、光滑、光亮、无颗粒的优级品。

（3）锡液温度须控制在 280~300℃。

（4）在锡液含铜量不低于 0.25%时须进行除铜工艺。

2.4 电子漆包线变压器浸焊专用无铅锡焊料

电子漆包线变压器浸焊专用无铅锡焊料的配方和实际投料量见表 2-7 和表 2-8。生产电子漆包线变压器浸焊专用无铅锡焊料注意以下几点：

（1）电子微型变压器是众多电子整机采用的元件，它采用的导线是多种线径的绝缘漆包线，它的引出线必须去漆并热镀上锡，以便于焊接在相关集成线路上。

（2）由于漆包线绝缘漆的熔点很高，大多都高于 400℃，而一般锡液温度都高于 450℃，故可采用高温锡液去漆浸焊工艺。

（3）焊接工艺采用的设备是能自动控温的电阻炉，能熔超过 10kg 的锡焊料，功率在 10kW 左右，在 0~800℃能自动控温。

（4）工艺第一步在锡温到达 500℃以上时，把漆包线的引线浸入高温锡液中把漆层熔去，待引线冷却后涂上助焊剂再镀上锡层。

（5）引线镀锡表面应是无气泡、无拉尖、无麻点、滋润光亮、无针孔颗粒。

（6）因锡温高、易氧化、易产生氧化渣与锡灰，应添加 1‰~1.2‰的高温抗氧化合金，以净化焊接及节约锡焊料消耗量。

（7）本工艺因锡温较高，铜元素易浸蚀在锡焊料中，若铜含量高于 0.25%时，必须采取除铜措施。锡焊料的含铜量在 0.2%及以下时，才能继续施用，否则影响镀锡质量。

（8）因锡温高的关系，抗氧化合金的抗氧化效果易退化，若锡液泛黄色，应补充新的抗氧化合金，以恢复抗氧化功能。

表 2-7 电子漆包线变压器浸焊专用无铅锡焊料配方

金属	锡	铋	铜	镍	锑	合计
质量比/%	98.97	0.3	0.2	0.03	0.5	100

表 2-8 电子漆包线变压器浸焊专用无铅锡焊料实际投料量（以 1000kg 为基量）

<table>
<tr><td rowspan="3">金属</td><td rowspan="3">纯锡</td><td rowspan="3">纯铋</td><td colspan="2">锡铜合金</td><td colspan="2">锡镍合金</td><td colspan="2">锡锑合金</td><td rowspan="3">合计</td></tr>
<tr><td>锡</td><td>铜</td><td>锡</td><td>镍</td><td>锡</td><td>锑</td></tr>
<tr><td>90%</td><td>10%</td><td>95%</td><td>5%</td><td>50%</td><td>50%</td></tr>
<tr><td>投料/kg</td><td>961</td><td>3</td><td colspan="2">20</td><td colspan="2">6</td><td colspan="2">10</td><td>1000</td></tr>
</table>

注：应添加高温抗氧化合金 1.2‰。

2.5 适用于线路板镀锡（热风整平工艺）无铅锡焊料

适用于线路板镀锡（热风整平工艺）无铅锡焊料配方和实际投料量见表 2-9 和表 2-10。

电子工业线路板是电子线路集成焊接电子元件的重要器件，其镀锡工艺质量要求很高。镀锡表面要柔和光亮，不能有拉尖连桥、麻点气孔等缺点。尤其线路的微孔小于 0.5mm，镀锡后不能锡液有堵孔现象。对此高质量要求，锡焊料合金必须要有超高流动性和不能有过多铜元素含量。按同金属相亲的原理，因线路板表层是铜箔，所以合金中必须含有铜元素，但以添加微量 0.15%为宜。为了要使镀锡不堵孔，添加 0.5%的纯铋。

表 2-9 适用于线路板镀锡无铅锡铜韩料配方（热风整平工艺）

金属	锡	铋	铟	铜	镍	锑	合计
配比/%	98.92	0.50	0.10	0.15	0.03	0.4	100

表 2-10 适用于线路板镀锡（热风整平工艺）的实际投料量（以 1000kg 为基量）

<table>
<tr><th rowspan="3">金属</th><th rowspan="3">锡</th><th rowspan="3">铋</th><th rowspan="3">铟</th><th colspan="2">铜合金</th><th colspan="2">镍合金</th><th colspan="2">锑合金</th><th rowspan="3">合计</th></tr>
<tr><th>锡</th><th>铜</th><th>锡</th><th>镍</th><th>锡</th><th>锑</th></tr>
<tr><th>90%</th><th>10%</th><th>95%</th><th>5%</th><th>50%</th><th>50%</th></tr>
<tr><td>投料/kg</td><td>965</td><td>5</td><td>1</td><td colspan="2">15</td><td colspan="2">6</td><td colspan="2">8</td><td>1000</td></tr>
</table>

注：应添加第二代抗氧化合金。

为了强化元件焊接时的抗拉强度，又添加了 0.3%的纯锑。这个锡焊料配方是非经典的特殊锡焊料。

由于镀锡工艺锡液温度比较高，锡合金中铜含量因工艺操作时间延长而提高，必须定时测定铜含量。若铜含量超过 0.15%时，需采用中和铜含量的措施或采取除铜措施，以保证线路板优良质量。

2.6 适用于 BGA 芯片圆锡珠合金焊料

适用于 BGA 芯片圆锡珠合金配方和实际投料量见表 2-11 和表 2-12。本合金是微电子主要原件芯片焊接使用的重要焊料。它的质量要求比较高，因金属较多，每种金属作用各异，故合金的冶炼是关键。合金冶炼以金属投入的先后顺序和投入前锡基料液态温度均有严格的规范，故要有高级工程师为监理。

表 2-11 适用于 BGA 芯片圆锡珠合金配方

金属	银	铋	铟	铜	锑	镍	锡锗	锡	合计
配比/%	2.5	1.5	1	0.3	0.3	0.03	0.2	94.17	100

表 2-12 适用于 BGA 芯片圆锡珠实际投料量（此处以 100kg 为实际投料量计）

金属	纯锡	纯银	纯铋	纯铟	锡锗	铜合金		锑合金		镍合金		合计
						锡	铜	锡	锑	锡	镍	
						90%	10%	50%	50%	95%	5%	
投料/kg	90.6	2.5	1.5	1	0.2	3		0.6		0.6		100

适用于 BGA 芯片圆锡珠合金也可投入少量金属钯。合金元素用以提高焊料的耐磨性和使用寿命，但成本较高。

该锡合金特别要注意以下几点：

（1）合金中可采用的各种金属，必须是高纯度的，均需大于 99.98%。

（2）各种金属投入量需适度，如锑的投入量不能超过 2%，否则其焊料要产生脆性，影响焊点强度。

（3）锡合金中不能含有害的元素，如铁、铝、硫、砷等元素。

（4）表 2-13 所述合金配方中，若能添加微量的钯元素，其性能更佳。锡能提高合金的耐热性、抗疲劳性、可靠性，但成本较高。

（5）冶炼工艺重点，合金中各金属凡是熔点高于 600℃的，必须采用配制中间合金措施。若要质量好，冶炼技术是关键。

表 2-13　BGA 芯片锡焊料合金元素的性能优点

金属元素	熔点/℃	优 点 和 作 用
锡	232	锡是金属的基料，是可焊性功能的主力军
铋	271	微量铋能提高焊料的流动性，使焊料分布到各焊点
铟	156	铟是低熔点元素，能提升焊接性能，有良好的润湿性
铜	1080	无铅焊料中，需要有铜以增加强度才能与焊体相亲
锑	630	锑能强化焊点的光亮度，并增加焊点的抗拉强度
镍	1455	镍能细化合金组织，特别是能中和粗大的铜元素结构，强化流动性
锗	958	微量的锗元素，能提高锡合金的抗氧化能力
银	960	银能改善可焊性，耐磨、耐疲劳并提高导电率

3 非经典实用锡铅焊料配方

3.1 液态工艺 Sn60Pb40 锡铅焊料

液态工艺 Sn60Pb40 锡铅焊料，适宜用于波峰焊线路板镀锡。其配方和投料量见表 3-1 和表 3-2。

如果用于线路板镀锡，需在原配方上，将铋元素提升为 0.5% 以利线路板不堵 0.5mm 以下的微孔。

表 3-1 液态工艺 Sn60Pb40 锡铅焊料配方

金属	锡	铅	铟	铋	锑	合计
配比/%	59.6	39.85	0.10	0.30	0.15	100

表 3-2 液态工艺 Sn60Pb40 锡铅焊料实际投料量（以 1000kg 为基量）

<table>
<tr><td rowspan="3">金属</td><td rowspan="3">锡</td><td rowspan="3">铅</td><td rowspan="3">铟</td><td rowspan="3">铋</td><td colspan="2">锡锑合金</td><td rowspan="3">合计</td></tr>
<tr><td>锡</td><td>锑</td></tr>
<tr><td>50%</td><td>50%</td></tr>
<tr><td>投料/kg</td><td>594.5</td><td>398.5</td><td>1</td><td>3</td><td colspan="2">3</td><td>1000</td></tr>
</table>

注：可添加第四代抗氧化合金 1‰~1.2‰。

3.2 Sn55Pb45 节锡型锡铅焊料适用于波峰焊液态工艺焊锡丝手工焊接工艺

Sn55Pb45 节锡型锡铅焊料，适用于波峰焊液态工艺。焊锡丝手工焊接工艺，其配方和投料量，见表 3-3 和表 3-4。该锡焊料是用纯锡、纯铅作为原材料制成的，质量纯正，焊接质量优良。尤其是制成焊锡丝，焊点光亮，抗拉性能佳。

该锡焊料是国家推广的节约纯锡的锡焊料，每吨锡焊料能节约纯锡 70kg，按市价计，节约成本近一万元。

该锡焊料如若用于液态工艺，可加入第四代抗氧化合金 1‰。该锡焊料在上海仪表局大量被采用。

表 3-3 Sn55Pb45 节锡型锡铅焊料配方

金属	锡	铅	铋	铟	锑	合计
质量比/%	48	50.10	0.10	0.05	1.75	100

表 3-4 Sn55Pb45 节锡型锡铅焊料实际投料量（以 1000kg 为基量）

金属	锡	铅	铋	铟	锡锑合金		合计
					锡	锑	
					50%	50%	
投料/kg	480	483.5	1	0.50	35		1000

3.3 Sn60Pb40节锡型锡铅焊料适用于波峰焊液态工艺焊锡丝手工焊工艺

适用于波峰焊液态工艺，焊锡丝手工焊工艺。其配方和投料量见表3-5和表3-6。本配方是20世纪60年代研发的。当时国家需要出口稀贵金属纯锡资源，以换取外汇。并换取急需的重要物质，故提倡节约用锡，鼓励锡焊料企业研制节锡焊料，但前提是要不降低原锡合金配方的质量。上海铅锡材料厂响应号召，急国家所急，成功研发该产品。其主要技术数据如下：

（1）熔点187℃；

（2）抗拉强度3.98~4.52MPa；

（3）绝缘电阻14.9×10^4MΩ；

（4）焊点滋润光亮；

（5）锡合金金相，合金粒度细小均匀。

该锡焊料节约了宝贵的锡资源，并降低了生产成本，被上海仪表局各厂使用。

上述科研创新成果获得上海市科学技术委员会科技二等奖。

表3-5 Sn60Pb40节锡型锡铅焊料配方

金属	锡	铅	铋	铟	锑	合计
质量比/%	55	43.1	0.10	0.05	1.75	100

表 3-6 实际投料量（以 1000kg 为基量）

金属	锡	铅	铋	铟	锡锑合金		合计
					锡	锑	
					50%	50%	
投料/kg	550	413.5	1	0.5	35		1000

3.4 液态工艺 Sn60Pb40 锡铅焊料第五代配方

液态工艺 Sn60Pb40 第五代锡铅焊料适用于波峰焊、线路板镀锡、光伏镀锡、二极管浸焊。使用工艺液体温度应低于 266℃。其配方和实际投料量见表 3-7 和表 3-8。该配方是锡铅焊料 Sn60Pb40 的最优质配方，其成品镀层表面滋润、光亮无毛刺、麻点、连桥和拉尖等缺点。液态面膜薄而稳定、光亮、抗氧化性能好，在工艺液态温度低于 280℃时抗氧化时间耐久，效果好。

该锡焊料是第五代配方，具有抗氧化性，在光伏镀锡类中是最佳的焊料。

表 3-7 液态工艺 Sn60Pb40 锡铅焊料第五代配方

金属	锡	铅	铋	铟	锑	SnGe 抗氧化合金	合计
质量比/%	60	39.25	0.3	0.1	0.1	0.25	100

表 3-8 液态工艺 Sn60Pb40 锡铅焊料第五代实际投料量（以 1000kg 为基量）

金属	锡	铅	铋	铟	锡锑合金		SnGe 抗氧化合金	合计
					锡	锑		
					50%	50%		
投料/kg	600	391.5	3	1	2		2.5	1000

3.5 适用于光伏镀锡的液态工艺 Sn60Pb40 锡铅焊料

适用于光伏镀锡的液态工艺 Sn60Pb40 锡铅焊料的具体配方和实际投料量分别见表 3-9 和表 3-10。该锡焊料配方是按光伏镀锡的质量要求而设计的，质量超越经典的 Sn63/37 焊料，锡镀层光亮、滋润，无毛刺、麻点、连桥等缺陷，可焊性优良，焊点抗拉强度提高，寿命长。但是，它的金属原料必须是精锡，精铅，不能采用回料锡与再生铅。

该锡焊料取代了 Sn63/37 锡焊料，并节约宝贵的纯锡 30kg/t，在光伏行业镀锡中得到广泛使用，并获得一致好评。

表 3-9 液态工艺 Sn60Pb40 锡铅焊料适用于光伏镀锡的配方

金属	锡	铅	铋	锑	铟	合计
质量比/%	59.7	39.2	0.5	0.5	0.1	100

表 3-10　液态工艺 Sn60Pb40 锡铅焊料实际投料量（以 1000kg 为基量）

金属	锡	铅	铋	铟	锡锑合金		合计
					锡	锑	
					50%	50%	
投料/kg	597	387	5	1	10		1000

注：须添加高温抗氧化合金 0.3‰。若用于光伏镀锡工艺温度低于 220℃，可不添加抗氧化合金。

3.6　适用于扬声器焊接的 Sn38 锡铅焊料

适用于扬声器焊接的 Sn38 锡铅焊料是制作成锡丝的挤压铅锡合金。其配方和实际投料量分别见表 3-11 和表 3-12。该焊料为扬声器专用产品，耗纯锡量较低。

表 3-11　适用于扬声器焊接的 Sn38 锡铅焊料配方

金属	锡	铅	铋	铟	铜	锑	合计
配比/%	38	59.45	0.6	0.1	0.1	1.75	100

表 3-12　适用于扬声器焊接的 Sn38 锡铅焊料实际投料量（以 1000kg 为基量）

金属	锡	铅	铋	铟	锡锑		锡铜合金		合计
					锡	锑	锡	铜	
					50%	50%	90%	10%	
投料/kg	353.5	594.5	6	1	35		10		1000

因为含锡量较低，所以提高了含锑量，以提升焊点光亮度和抗拉强度。

因为该配方熔点较高，所以烙铁头温度以在350~400℃为宜，具体按锡丝线径粗细不同而调整。

该配方锡含量为38%，是普通节锡型的配方。若高级扬声器使用可选用Sn60/Pb40配方。

3.7 Sn38扬声器焊锡助焊剂

Sn38扬声器焊锡助焊剂配方见表3-13。该类助焊剂由于锡含量较低，活性化学品含量比较浓，以提高其焊接速度。配制时先熔化松香，后投放化学品。苯并三氮唑最后投放。配制时助焊剂液温以145℃为宜，并搅拌30min。

表3-13 Sn38扬声器焊锡助焊剂配方

化学品名称	质量	品质	特性
二甲胺盐酸盐	60g	CP级	强化去膜力
己二酸	30g	CP级	强化去膜力
5-氯化水杨酸	30g	CP级	强化去膜力
月桂酸	20g	CP级	改善气味
环己胺溴氢酸盐	40g	CP级	强化活性
二溴丁烯二醇	60g	CP级	强化活性
溴化肼	12g	CP级	—
苯并三氮唑	3g	化学纯	淡化腐蚀性
合计	255g		
水胺松香#301	4kg	先熔化松香，后投入活性化学品	
二丙二醇甲醚	250ml（另外加入）		

3.8　Sn50Cd18 余量铅的低温焊锡丝

Sn50Cd18 余量铅的低温焊锡丝配方和实际投料量，分别见表 3-14 和表 3-15。该锡焊料是制造焊锡丝的低熔点合金，熔点为 145℃。

表 3-14　Sn50Cd18 余量铅的低温焊锡丝配方

金属	锡	铅	镉	锑	合计
配比/%	50	31.5	18	0.5	100

表 3-15　Sn50Cd18 余量铅的低温焊锡丝实际投料量（以 1000kg 为基量）

<table>
<tr><th rowspan="3">金属</th><th rowspan="3">锡</th><th rowspan="3">镉</th><th rowspan="3">铅</th><th colspan="2">锡锑合金</th><th rowspan="3">合计</th></tr>
<tr><th>锡</th><th>锑</th></tr>
<tr><th>50%</th><th>50%</th></tr>
<tr><td>投料/kg</td><td>500</td><td>180</td><td>310</td><td colspan="2">10</td><td>1000</td></tr>
</table>

配方中的镉元素是一种很活泼的有色金属，故不适宜在液态工艺上使用。锡冶炼液态氧化激烈，故须用氯化钾或超细的氯化钠作覆盖剂。

该低温焊锡丝适宜焊接需低温焊接的电子元件，如线径细的金属引线及磁波元件。

手工焊烙铁温度亦应配合低温在 145℃ 锡丝熔点基础上合理配合。

该锡镉焊料不宜在液态工艺中使用。

3.9 适用于光伏（焊带）(焊丝）热镀锡的锡铅焊料

适用于光伏（焊带）(焊丝）热镀锡的锡铅焊料配方和实际投料量，分别见表3-16和表3-17。生产中注意以下几点：

（1）光伏硅片上有80根银浆线，故添加0.10%的银元素，以提升焊接可焊性。

（2）在合金中添加0.5%锑元素，可增强焊点抗拉强度，加强产品可靠性。

（3）在合金中添加0.30%铋元素，可提升焊料的流动性并降低焊料熔点。

（4）添加铟元素提升可焊性。

（5）添加微量的锗元素增强抗氧化效力。

表3-16 适用于光伏（焊带）(焊丝）热镀锡锡铅焊料配方

金属	锡	铅	铋	铟	锑	银	锡锗	合计
质量比/%	60	38.8	0.3	0.1	0.5	0.1	0.2	100

表3-17 适用于光伏（焊带）(焊丝）热镀锡的锡铅焊料实际投料量（以1000kg为基量）

<table>
<tr><td rowspan="2">金属</td><td rowspan="2">锡</td><td rowspan="2">铅</td><td rowspan="2">铋</td><td rowspan="2">铟</td><td>锡</td><td>锑</td><td>锡</td><td>银</td><td>锡</td><td>锗</td><td rowspan="2">合计</td></tr>
<tr><td>50%</td><td>50%</td><td>90%</td><td>10%</td><td>98%</td><td>2%</td></tr>
<tr><td rowspan="2">投料/kg</td><td rowspan="2">584.04</td><td rowspan="2">389.96</td><td rowspan="2">3</td><td rowspan="2">1</td><td>5</td><td>5</td><td>9</td><td>1</td><td>1.98</td><td>0.04</td><td rowspan="2">1000</td></tr>
<tr><td colspan="2">10</td><td colspan="2">10</td><td colspan="2">2</td></tr>
</table>

3. 10　适用于汽车水箱焊接的锡铅焊料

适用于汽车水箱焊接的锡铅焊料，配方和实际投料量见表 3-18 和表 3-19。该锡焊料用于汽车水箱铜带焊接。由于在汽车动作中水箱的水是热的，而且汽车行驶是震动的。因此，质量差的焊点受热疲劳作用会开裂，使得水箱漏水，影响行驶质量。在该焊料合金中，添加微量 Ce 元素，就能清除热疲劳，而使焊点不开裂、漏水。

铈元素是稀土元素，其冶炼工艺可参照锡铈中间合金。

表 3-18　适用于汽车水箱焊接的锡铅焊料配方

金属	锡	铅	铋	铟	锑	镍	铈	合计
质量比/%	50. 00	48. 75	0. 30	0. 15	0. 50	0. 05	0. 25	100

表 3-19　适用于汽车水箱焊接的锡铅焊料实际投料量（以 1000kg 总基量）

<table>
<tr><td rowspan="2">金属</td><td rowspan="2">锡</td><td rowspan="2">铅</td><td rowspan="2">铋</td><td rowspan="2">铟</td><td>锡</td><td>锑</td><td>锡</td><td>镍</td><td>锡</td><td>铈</td><td rowspan="2">合计</td></tr>
<tr><td>50%</td><td>50%</td><td>95%</td><td>5%</td><td>98%</td><td>2%</td></tr>
<tr><td rowspan="2">投料/kg</td><td rowspan="2">486. 85</td><td rowspan="2">490. 15</td><td rowspan="2">3</td><td rowspan="2">1. 5</td><td>5</td><td>5</td><td>5. 7</td><td>0. 3</td><td>2. 45</td><td>0. 05</td><td rowspan="2">1000</td></tr>
<tr><td colspan="2">10</td><td colspan="2">6</td><td colspan="2">2. 5</td></tr>
</table>

4 锡焊料的中间合金冶炼技术

《关于限制在电子电气设备中使用某些有害成分的指令》(RoHS) 已于2006年7月1日起在我国启动执行，《电子信息产品污染控制管理办法》(信息产业部第39号令) 也于2007年3月1日起实施。由于禁止在锡焊料中添加铅，因此需在纯锡中添加众多的高熔点元素，如银、铜、镍、锗、钛及稀土等元素，都属于添加范畴，熔点都高于500℃。按正规工艺冶炼时，要采取中间合金措施，才能取得优良的锡焊料无铅合金的优质产品。

添加元素经过中间合金冶炼工艺，其锡焊料有下列六大优点：

(1) 平衡熔点；

(2) 稳定焊料的锡合金化学成分；

(3) 细化锡合金、焊料金相结晶；

(4) 提高锡合金流动性；

(5) 滋润焊点表面质量；

(6) 提高锡焊料的可焊性。

冶炼合成中，添加元素的比率不能过大，因为若比率大了，其合成的中间合金熔点平衡不下来。以银、铜含量达到10%为例，其熔点已达380~420℃，另外结晶的细化也成问题。

如无铅焊料 SnAg3Cu0.5 银的含量是 3%，1000kg 焊料中 SnAg 中间合金就要投 300kg，SnCu 中间合金要投入 55kg。

经多年的实践与对锡焊料质量的考核，表 4-1 的投入比率证明是适当的。

表 4-1　中间合金配比　　(%)

锡银		锡铜		锡锑		锡镍		锡钛		锡锗		锡稀土		锡铝	
Sn	Ag	Sn	Cu	Sn	Sb	Sn	Ni	Sn	Ti	Sn	Ge	Sn	Re	Sn	Al
90	10	90	10	50	50	95	5	98	2	98	2	99	1	99.5	0.5

要促使锡焊料合金的结晶细化，提高合金液体的流动性与可焊性，可采取多次结晶的工艺措施。虽然成本会略有提升，但是从企业要求高质量与技术水平角度考虑还是值得的。所谓多次结晶，就是中间合金冶炼铸造为锭之后，第 2~3 天再精炼一次，实现熔化→浇铸→再结晶→凝固成固体→再投入锡焊料基料中熔化成焊锡条或挤压圆锭，完成三次结晶的工艺程序。该工艺程序使合金更细化。

然而上述中间合金多次再结晶冶炼工艺，在锡焊料行业中很少被采用。多数企业对添加元素在焊料中质量效应重视不够，理解不深，从简便省事、节约成本角度出发。对无铅焊料添加高熔点金属元素的工艺，采用走捷径的工艺方法。认为银与铜在 400~500℃ 锡液中也能熔化，就省略了中间合金冶炼这道工艺。这样所添的银或铜金属只能是熔化，是大量基料经过银、铜金属蠕变后，经搅动冲击而把块料打碎，而不是金属分子熔化。因此，它在锡基料中颗粒是粗大的，特别是铜元素存在针状组织，结晶粗大，制成的焊料产品流动性较差，会出现焊点或锡镀层拉尖、连桥等质量问题。

经过对铜合金工艺熔入无铅焊料的反复实践取证，铜元素在锡合金中越细化，它的流动性与可焊性就越好，其导电率越高，金属表面张力减小，润湿性增加，全面质量得以提升。

因为焊料中所添加元素都属高熔点的，如银的熔点是960℃，铜的熔点是1080℃，镍的熔点是1450℃，因此其冶炼炉按常规必须用感应中频电炉，最高温度可达1600℃，但是它的投资较大。一台可熔炼100kg容量的中频电炉价格是20多万元，要是配制1000kg的合金熔炼须10锅才能完成，而且须建5m³容量的备用水塔（防断水时应急使用)，耗电成本也大，只有资金雄厚的企业才能采用。

此外，还有一种工艺既简便又很经济实惠，仅采用一套燃煤炉即能冶炼（冶炼炉结构见图4-1)。其能源是焦炭或无烟煤，操作水平简单，最高温度也能达到1600℃。不仅能将银、铜、镍冶炼成中间合金，而且也能合成SnTi合金。采用优质石墨坩埚300号可每炉冶炼200kg，但用煤炉冶炼中间合金这种工艺需要资深的专家做指导，事前需对操作要点进行培训，具体如下。

（1）需烘干石墨坩埚，因石墨坩埚是碳素粉制成，含有一定湿度，需在煤炉上先烘干，把湿度消除（烘时需缓慢低温)，不能采用烈火，否则要爆裂，需慢速烘干2h。只有经烘干的坩埚才能承担高温冶炼。

（2）所要添加的高熔点金属如银、铜、镍等也需烘干备用，而且不要采用电解铜、电解镍。要采用铜皮、铜管和镍皮。因为电解金属板较厚，它的密度大于锡液，投放后必定下沉到炉底，为了探明是否熔化，需用搅拌棒去搅动。在高于1000℃的锡液中铁棒也要熔化，木棒因含水分易爆炸无法下沉。因此，要探明金属是否熔化

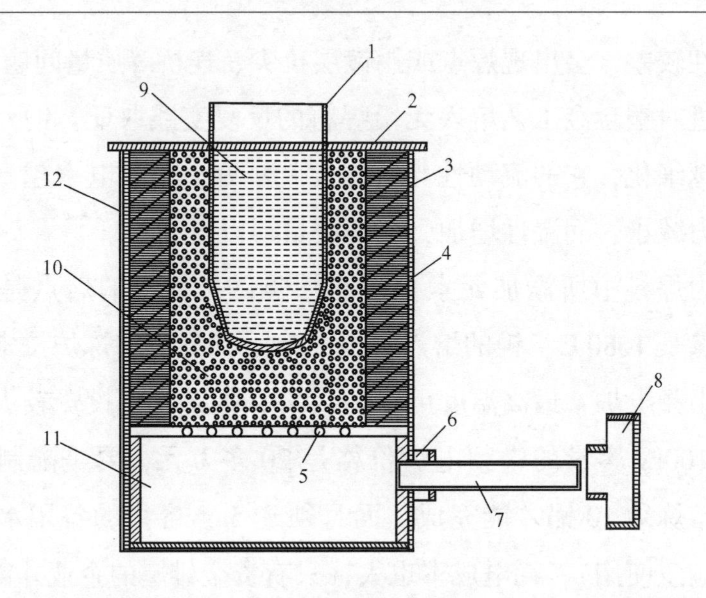

图 4-1 锡中间合金冶炼炉

（外壳 ϕ800mm；炉堂 ϕ500mm；炉子总高 850mm；炉渣室高度 250mm）

1—高级石墨坩埚，300 号；2—炉面板 5mm，A3，钢板；3—炉壳，3~4mm，A3，钢板；4—耐火砖，最佳是刀口砖；5—ϕ25mm 铸铁炉排；6—煤渣室炉间；7—通风管，ϕ50mm 无缝钢管；8—鼓风机，0.75kW；9—锡液；10—燃料煤，焦炭或无烟煤；11—煤渣室；12—耐火泥沏成炉体尺寸

的工具，最佳的是纯钛棒。

（3）所投入的原料如不用电解铜、电解镍，而采用纯铜皮或铜丝及镍皮。因投入时原料面积大，在锡液中有浮力，不易下沉而很快熔化。投入锡液时，银、铜、镍等添加料不能一次性投入，不能使锡液大量耗去热能而使部分添加料不能熔化，一定要分批投入。待锡液温度提升后再投下一批。银、铜、镍等添加料，若一次投入过量，锡液温度会急剧下降。时间过长，会形成氧化物，如氧化铜、氧化镍等氧化金属，而造成冶炼失败。

（4）SnAg、SnCu、SnNi 等中间合金在全部熔化后必须搅拌 5min 以上，并在 800~850℃液温镇静 15min 以上，起到分子结构成熟滋润的效果，然后在铸锭前再搅拌5min以上，取样分析铸锭，合金的添加元素含量应达到投入量的±0.2%。

（5）铸造锭模具应以铸铁或不锈钢材质为好，若用铜合金，应以铝青铜为佳。但锡合金的浇铸液温应低于750℃，以防止铜合金模具熔化。

（6）模具结构如图4-2所示，模具容量3kg（大的20kg左右）。

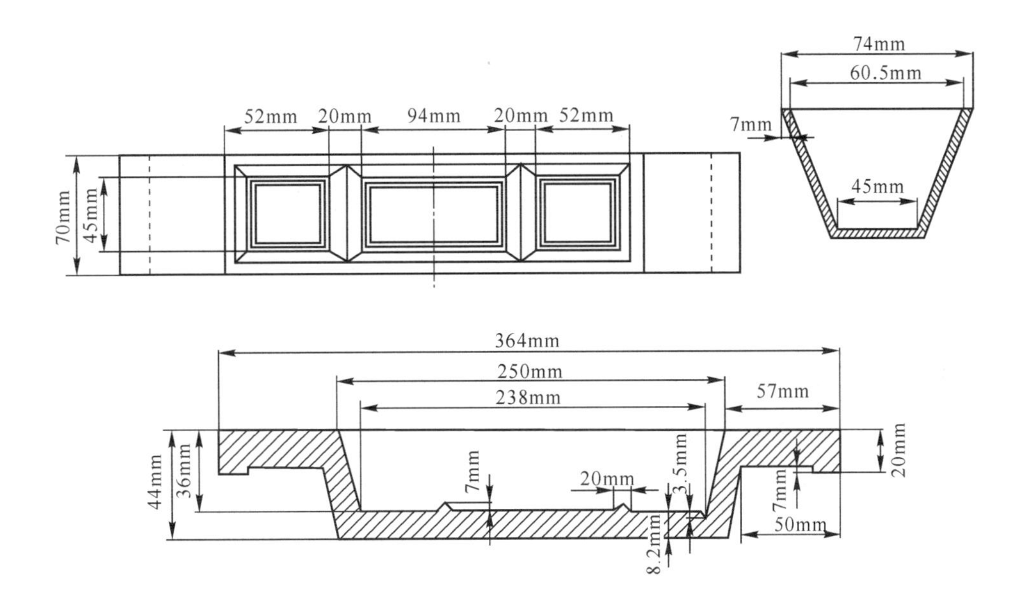

图4-2 锡合金锭模

（比例：1∶1 材料：铝锰青铜10-3-1.5）

技术要求：

（1）铸件不得有砂眼气孔夹杂等缺陷；

（2）内腔锐角均例为R1mm；

（3）模底标志凹凸字笔画高度2.2mm，宽度5mm呈梯形；

（4）模底平面行度为0.2~0.3mm；

（5）内腔要整洁光滑。

（7）煤炉冶炼工艺，其基料纯锡的液态温度都在1000℃以上，它的控温仪（热电偶与温度表须在1200℃以上）有时很难买到，需要培训人员用目测判定锡温的经验技术水平，即观锡液色泽定温度。坩埚内锡温的经验定温色泽：

1）暗红——约600℃；

2）微红——700~750℃；

3）鲜红——800~900℃；

4）通红——1000~1100℃；

5）在通红的锡液面上泛泡，说明温度高于1200℃。泛泡的原因是锡液在1200℃以上的高温下，金属中的氧原子出现蒸发排气所致。要是冶炼SnTi合金，其锡液需要超逾通红温度，而且坩埚边端也须通红，添加的钛要很细，需燃烧2h以上才能冶炼完成。

锡与稀土元素冶炼中间合金时，有几个要点需要注意。

1）锡液面要放氯化钾为覆盖剂，厚度不小于8mm。

2）加入稀土金属时需用专用工具令它沉入锡液中，不能浮在液面熔化，防止大量造渣与燃烧升华。

3）稀土熔化后会产生糊状、黏度蠕变金属浮在锡液面上，很难与锡液融合。

4）除去覆盖物后，可用氯化铵清除黏度蠕变金属，一般是2~3次能消除黏度蠕变金属。

5）消除黏度蠕变金属后，应使锡液温度降至450~550℃，经搅拌即可浇铸。

6）冶炼稀土中间合金，须由资深的冶炼专业工程师在现场指导，以保证质量。

4.1 锡铜中间合金冶炼工艺

无铅焊料 SnAgCu、SnCuNi、SnCuNiGe 等品种都缺少不了铜元素的加入，且添加量也大，一般为 0.3%~0.7%。铜合金的质量优劣，直接影响无铅焊料的使用效果。

虽然铜不是无铅焊料的主金属，但其添加工艺和方法、铜与锡的合成冶炼工艺有以下几种：

（1）直接将铜料加入锡基料中。例如在 993kg 锡基料熔化后，在温度 500℃左右时，加入电解铜 7kg。

（2）分别同步在另外的炉中高温将铜熔化，随后将铜液直接倒入锡炉的基料中。

（3）先熔炼 SnCu 中间合金，在高温下浇铸成锭，冷却静置 3 天后，再在高温 400℃下融入锡基料熔炼合成 SnCuNi。采用此种冶炼工艺，在 SnCuNi 冶炼合成后必须镇静 30min，镇静液温度在 350~450℃。

该工艺可以让铜的分子更细化，结晶均匀，是无铅焊料提高质量的重要操作工艺，目的是要达到最佳的合金结晶。

部分企业对铜元素和镍元素在无铅焊料中的质量效应理解不深，重视不够，仅从方便和节约成本考虑，认为铜元素在锡液中，在 400℃时亦能熔化就可以。尽管铜的熔点是 1080℃，但在锡温 400~500℃时也能熔化完。原理是先蠕变软化，再靠搅拌冲击力，把铜固体打碎，达到溶解，而不是熔化。此时铜元素在锡液中分子粗大形成针枝状，锡铜合金结晶粗大。这样操作得到 SnCuNi 无铅焊料，在焊接使用中流动性较差，产生拉尖、连桥等质量问题。通过几十年的实践，著者认为在无铅焊料合金中，凡是要添加熔点超过500℃的金属如锑、铜、镍、银、钛等元素，必须要采取中间合金的工艺，这是经典的技术和工艺，要大力推广。热风整平工艺中(即线路板镀锡工艺中)，好多基板的孔径小于0.5mm，要是焊料锡合金结晶不细化就会发生堵孔。

添加铜锡中间合金的比例，不宜多于Sn90%Cu10%。它的熔点低于300℃，能把SnCuNi的熔点平衡下来。

SnCu中间合金操作工艺如下：

(1) 操作燃煤炉，见图4-1。

(2) 锅子是300号优质石墨坩埚。

(3) 先投基料锡，在锅内升温到1100℃时再投入铜料。

(4) 投入的铜料是铜管、铜带。铜管是新的铜管、铜带，是光伏铜带的新料。

(5) 重要的关键工艺，是在SnCu炼成后，大于500℃时，必须镇静30min以上，方得铸锭完成。它的作用是细化结晶。

4.2　锡镍中间合金冶炼工艺

锡镍合金在锡铜无铅焊料产品中，是重要的添加元素。它的重要作用是提高锡铜无铅焊料如下质量效果：

(1) 细化焊料的金相结晶；

(2) 提高焊料的焊接速度；

(3) 改善焊料的液态流动性；

(4) 提高焊接性能，防止焊点连桥拉尖；

(5) 增强焊点抗拉强度；

(6) 如再添加0.2%~0.5%铋和锑元素，则既能降低焊料熔点又能提高焊点的光亮度。

镍是高熔点元素，熔点高达1455℃，要与锡形成锡镍中间合金，设备与工艺技术有一定的难度。正规的工艺必须要有中频电炉或工频炉才能完成冶炼，投资比较大。此外还要具备完整的供水设备，故中小企业要生产锡镍合金产品，存在一定的困难。

利用燃煤炉冶炼锡镍合金，需要做到以下几点：

(1) 煤炉温度最高只能升到1100℃，才能熔化熔点为1455℃的镍。

(2) 锡的相对密度是7.3，而镍的相对密度为8.9，要是用电解镍来投料，必然是沉入锡液的石墨锅底，无法熔化而失败。

(3) 添加镍的量不能太多，更不能一次性投入，否则会造成锡温度下降，无法熔成。

根据上述要点，经研究要在煤炉上冶炼成锡镍中间合金，必须采取非经典的工艺措施：

(1) 需降低锡镍配比，锡为95%，镍为5%。

(2) 用纯镍的镍皮边角料，要是190kg锡基料，需把10kg镍边角料分10次投入。投边角料是关键。

(3) 锡锭在石墨坩埚中，约在1100℃温度下，锡金属溶液呈通红色；第一次投入1kg的镍皮，由于镍皮面积比较大，靠锡液的浮力，镍皮托在锡液面，而不是整块下沉，镍皮很薄很快被熔化。然后再升液温，第二次投入锡皮，照此法冶炼完成。

4.3 锡银中间合金冶炼工艺

银元素由于具有优良的物理性能，在工业中应用很广，耗用量也很大，电子航空、仪表、医疗器材、首饰，特别是金属焊接材料，都要采用它。银铜焊料的熔点可达500~800℃，银锡低温焊接材料熔点能达100~250℃。

因为银的熔点是960℃，锡的熔点仅为232℃，所以必须采用中间合金的工艺，方能制造出优良的银锡焊料。银锡焊料具有如下优点：

(1) 细化锡焊料金属结晶。

(2) 使锡焊料的化学成分数值稳定。

(3) 提高了焊接的强度和可靠性。

(4) 提高了焊层表面的质量，如消除表面连桥、麻点、虚焊、假焊、气泡、砂眼等缺点。特别表现在锡合金液态工艺上，如线路板、镀锡铜带等产品上。

(5) 平衡锡焊料各种合金配料熔点。

(6) 提高锡焊流动性，并消除堵塞线路板上小于0.5mm微孔的隐患。

经多年的实践可知，制作锡银中间合金需注意以下几点：

(1) 金属成分：纯锡成分需在99.96%以上，纯银成分需在99.98%以上。

(2) 中间合金锡银比例：

1) 锡90%，用锡锭，单个重约25kg。

2) 银10%，用银锭，单个重约15kg，最好不用银粒。

(3) 冶炼工具：

1) 鼓风煤炉、鼓风机0.5kW，使用无烟煤或焦炭。

2) 优质坩埚（即熔铜量为400kg，锡银合金为300kg投入量）。

3) 铸锭模具。详见图4-2。

铸锭约为5kg，材质为不锈钢及铸铁。

冶炼配比投入量每锅纯锡为270kg，纯银为30kg

(4) 操作工艺程序：先投入270kg纯锡，要把锡液升温到1100℃以上，达到锡液体通红，并见液面泛泡，然后用铁钳夹住一锭银子投入锡液中，使它逐渐熔化，此时锡液肯定降温，必须再升温到1100℃以上方可投入第二块银锭，至完全熔化后，去除液面浮灰，所用钛棒或铁棒必须是干燥的，搅拌5min，然后在800℃以下液温镇静30~45min，再搅拌5min，进行铸锭，冷却而完成。

请特别注意，镇静工艺不能忽视，它是细化锡银中间合金的关键。

锡银中间合金是锡银焊料质量必须工艺，不能走操作工艺捷径，绝不能在银锭熔点960℃之下冶炼熔化合成，否则会使锡焊料质量降低，影响焊接性能。

4.4 锗锡中间合金冶炼工艺

使用锗的成分大于99.99%，锡的成分大于99.96%，二者质量比为锗2%，锡98%。冶炼工具为燃煤鼓风炉，使用无烟煤或焦炭。以纯锡作基料，先将锡投入，熔化升温到纯锡液态全部通红，并泛气泡时，把方棒形的锗用软纸包在锗锭头上，用方扁钳子夹住慢慢浸入高温锡液中熔化而完成，锡液的温度不能低于1060℃。纯锗锭是方形边长2cm的金属棒，长约20cm。

锗非常脆，轻轻撞击就粉碎。锗的相对密度为5.36，而锡的相对密度是7.30，需要把锗锭用工具夹住慢慢沉入锡液中熔化，中间合金冶炼完成后，必须搅拌10min，使锗晶粒细化。若铸锭凝固后，锭面能显示黄色斑点，即证明冶炼成功；若无浅黄色存在，则为冶炼失败，需做化学分析。

锗锡合金是锡焊料合金中最佳的抗氧化元素，它的抗氧化特性能使锡焊料抗氧化膜稳定，轻飘、纯洁、滋润、抗氧化性好等。中间合金冶炼技术要求严格，必须有经验丰富的工程师在现场监理。

5 稀土元素及铋在锡焊料中的应用

上海铅锡材料厂既是铅锡材料供应企业，又是铅锡新材料研制单位。1959 年多家化工企业，特别是双氧水制造企业提出，铅管耐腐蚀但性能寿命太短。双氧水是强力化工腐蚀材料，铅合金管在双氧水的生产工艺中，耐腐蚀时间仅为 90 天左右，寿命太短，成本太大，因此，双氧水制造企业要求进行科研，提高铅合金管的使用寿命。其他如制酸、农药行业也存在同样呼声。上海铅锡材料厂决定进行研发。开始措施是在铅合金材料中，添加 0. 1%～0. 3%的银与镍的材料，提高耐腐蚀寿命 15%左右，但用户不太满意。后发现在铅材、锡材中添加微量的稀土元素铈，能提高铅材的耐腐蚀性能，但是它的冶炼工艺与添加量都无公示。起始就选铈族元素，金属铈、镧混合稀土作研究。经过一段时间的试验，铈的效果最好。铅管中添加稀土铈 0. 10%～0. 15%的耐腐蚀性能最佳，可以提高耐腐蚀寿命一倍。因为铈的熔点是 815℃，铅的是 327℃，所以必须要做铅铈中间合金，铈的添加比为 3%，比 SnCe 合金要高。

汽车水箱由铜制材料制成，并用 45%Sn 焊料焊成。汽车水箱运行是在热水中，而且是在汽车运营行驶震动状态下使用的。用户反映水箱焊点有裂缝，造成水箱漏水，汽车使用功能损失很大。稀土铈有细化结晶，特别具有抗热疲劳功能。经研究，锡焊料中添加0.08%~1.5%铈之后，焊点裂缝消失。这一添加稀土铈的技术，即为SnCe中间合金技术。

稀土元素对Sn/58Bi低温焊料添加的提升分析如下。

当前，国家为了人民群众的健康，十分重视环境保护，在各种工业中大力整治环境问题。在电子工业中，尤为关注锡焊料焊接工艺，要求低熔点、低排放，这就直接要求锡焊料要研发低熔点品种的材料。现使用的无铅锡焊料如SnCu、SnAgCu及锡铅焊料Sn63/Pb37和Sn60/Pb40，熔点分别高达227℃、217℃和183℃，都需要研发低熔点的锡焊料来取代。最理想的是熔点在150℃以下。

要走向锡焊料的熔点低温，有四大途径：

（1）锡铋低熔点焊料；

（2）锡铟低熔点焊料；

（3）锡锌低熔点焊料；

（4）锡镉低熔点焊料。

近年来在锡焊料工艺焊接中，采用比较多的是：

（1）Sn/58Bi品种，不仅熔点低（仅138℃），合金流动性好，可焊性佳，而且成本也比其他无铅焊料低廉，纯锡目前是150元/千克，而纯铋仅为50余元/千克。但是该SnBi低熔点焊料最大的缺点是，金相结晶粗大，焊点易剥离，焊点抗拉强度低，造成焊接性能差，焊接寿命短，焊接可靠性差。

（2）锡铟熔点低，可靠性很好，合金流动性也好，焊点光亮度耀眼，焊接强度高，金相结晶细化，可以说在焊接上是极佳的好材料。这么好的低熔点焊料，但是在电子焊接工艺界却是可望而不可即，原因是它的成本太高了。要将SnCu无铅焊料的熔点由227℃降到138℃，中间差异是89℃。从多年实践可知，添加1%的纯铟仅能降低熔点1.5℃左右，要降低89℃熔点需添加59%铟，而目前铟价约是2000元/kg，因此成本太高。

（3）锡锌低温焊料对铝质元件是焊接性能最佳的低熔点焊料，因铝与锡锌元素是可亲的元素，焊接后强度很高。但是在其他电子材料中，它的缺点是流动性差，而且表面容易腐蚀，焊点光亮很差，所以不被焊接工艺界看好。

（4）锡镉低熔点焊料，由于镉是无铅焊料中被欧美国家禁止添加的元素，属有毒的元素，因此工业界谈镉色变。然而锑铋铅也都是有害元素，还不是大量在使用但都要有安全措施。锡镉铅是一个很好的合金组合Sn50%、镉18%、铅32%，这个合金焊料的熔点是145℃，可焊性、流动性、光亮度、焊接强度都是一流的，而且在陶瓷电子元件上经表面处理也能很漂亮地焊上。镉元素还有很佳的特性，如在铅合金中，1%的镉元素可代替5%的锡元素。好多熔点在100℃以下低温焊料可使用SnCuBiCd等。

在锡焊料合金中，要添加稀土元素最核心的关键技术是锡与稀土的中间合金。要研发成功Sn与稀土的中间合金，需要考虑以下几点：

（1）纯锡的熔点是232℃，而稀土铈的熔点为850℃左右，稀土钇（Y）的熔点是1480℃，需用何种冶炼炉把它们合成？它的冶炼温度是多少？

（2）锡与稀土的配方是何数值，即稀土的比例。

（3）锡的相对密度为7.3，稀土钇相对密度为6.0，铈相对密度为6.7。钇和铈的相对密度都低于纯锡，用何种办法把稀土沉入液下冶炼？反之，稀土浮在锡液面，如何防止稀土升华？

（4）要是稀土熔入锡液中，如它的合金产生黏度，何种措施把它消除？

（5）锡与稀土的中间合金，稀土在锡中的含量很重要，那么稀土含量以何种方法分析与测定？

（6）稀土能改善铋的细化结晶，也一定能影响锡铋焊料的延伸。

表5-1所示为锡焊料合金常用元素物理性能。

表 5-1　锡焊料合金常用元素物理性能

项目	锡	铅	铜	银	锑	铋	铝	锌	铟	镉
熔点/℃	232	327	1083	960	630	271	660	419.5	157	321
相对密度 /g·cm^{-3}	7.3	11.34	8.95	10.5	6.69	9.85	2.71	7.3	2.28	8.65
硬度	4.5	3.8	38	25	38.4	9	16	32.7	-1	16
沸点/℃	2340	1750	2595	2177	1635	1560	2500	906	2097	767
挥发性	稳定	稳定	稳定	稳定	高温升华	高温燃烧	稳定	剧烈升华	高温升华	易升华
固态色谱	金黄色	纯铅高温五彩色	紫色	银白色	闪白色	青紫色	银白色	青灰色	银色	闪银色
液态色谱	金黄色	>400℃，五彩色	紫红色	银白色	淡黄色	紫红色	银白色	青白色	银色	低温银白色
性质	延展性好	很软	延展性好	延展性好	脆性	脆性	延展性好	韧性	特软	有韧性

6 稀土金属的冶炼技术与工艺

铈族稀土元素有钕、镧、镨、铈等。这些元素要是混合在一起就称为混合稀土。每种元素都有其独立性和特殊用途。其纯金属都是优良的导体。铈与镧的物理性能很接近。

部分稀土元素的熔点见表 6-1。

表 6-1 部分稀土元素熔点

稀土品名	铈 Ce	镨 Pr	镧 La	钕 Md	钐 Sm	钇 Y	混合稀土 Re	铕 Eu	镱 Yh
熔点/℃	815	940	885	840	1350	1480	900	1150	1800

金属铈受到摩擦或撞击时会产生火花，故在工业中可以用来制造打火机的电石，也叫打火石。它的组成为：铈 93.5%、铝 0.5%、硫 0.5%、铁 4.5%、镓 0.3%、碳 0.7%。

铈族元素不论是在黑色金属，还是有色金属中，尤其是在锡焊料中都有广泛的应用，可称是工业材料中的“百搭”。

在炼钢中铈族元素是脱氧剂。在铸造行业中添加 0.5%铈金属，它可使铸件消除气孔、砂眼，提高铸件力学性能。

钕和镨在玻璃工业中能制造有色玻璃，也可以制造过滤玻璃。

铈在有色金属工业中的用途如下：

（1）铅锑合金铅管和铅板生产中加入0.3%～0.5%铈，可提高铅材产品的耐腐蚀性能一倍以上。

（2）汽车水箱用的锡焊料合金中加入0.1%～0.3%铈，能促使水箱锡焊料焊点不裂缝，消除水箱漏水的质量问题，因为铈在锡焊料合金中具有强烈的消除热疲劳功能。

（3）在铝镁锰等合金中添加微量铈，能细化铝镁合金结晶，提高力学性能，提高热处理时效功能。

（4）2005年，中国电子材料行业协会电子锡焊料材料分会率先提出，在无铅焊料SnCuNi和SnAgCu合金中添加铈金属。因为加入铈，能使SnCuNi焊料结晶细化，提高焊接性能，强化抗拉强度。铈作为SnCuNi的合金添加元素，由著者研制成功（系指SnCuNi），申请专利获得授权。该焊料经过焊接实践，特别在波峰焊工艺中，锡合金液态中，还具有一定黏度，流动性能欠理想，关键是铈与锡结合会产生一定的黏性，要是能加入0.5%～0.8%的铋元素，就可以清除黏性，提高锡焊料的流动性。SnCuNiCe无铅焊料实用性更佳。

当前，在电子工业，为了不使锡焊料高温液态焊接损害元器件和光伏铜带，在热镀锡低碳排放措施改革中，都倾向使用低温锡焊料。铋系列中的SnBi58，熔点仅为138℃，液态流动性也好，但是其最大缺点是脆性很大，焊接后抗拉强度达不到产品指标。要是在锡铋焊料中加入0.10%～0.2%的铈元素，则可以改善铋金属的脆性，提高抗拉强度。铈有细化铋元素脆性相的功能，但是添加量不能大于0.2%。在锡合金焊料中，若铈含量大于0.2%，则铈合金的黏度浓度增大，降低锡焊料扩展率，使焊接性能降低。

要解决铋系列低温锡焊料合金的脆性问题，除添加铈元素之外，还可以添加钴元素。其关键技术也是锡钴中间合金技术。钴是高熔点元素，而且对锡元素是不亲和的，中间配比钴只能为 1%，同时需要使用中频电炉进行冶炼。

锡铈中间合金质量配比为锡 99%、铈 1%。

铈金属锭必须沉入高温锡液中熔化。因为锡的相对密度是 7.3，铈的相对密度为 6.7，铈加入锡液中，会浮在锡液面上在逾 1000℃温度下要挥发升华。为了不使铈漂浮在锡液上，铈锭必须用铁丝捆在四号角钢上，沉入到锡液中熔化。为防止铈元素氧化，锡液必须放上氯化钾作为覆盖剂。纯锡液的温度必须高于 1050℃，此温度下锡液在石墨坩埚中应是通红的。

铈锭熔化后，锡合金液会有很大的黏度，无法铸锭，必须使用氯化铵 2~3 次来消除黏性。在高温下此操作烟雾很大，要戴口罩操作。除去黏性后锡合金液才能铸锭而完成。

锡铈中间合金冶炼成功，为 SnCuNiCe 无铅焊料申请专利项目授权成功做出贡献。

SnCuNiCe 无铅焊料在波峰焊机使用，配以用第四代抗氧化合金较为理想。

综上所述：

（1）铈元素在锡焊料合金中添加量以 0.05%~0.10%为好，添加量大了，铈合金黏度很大，影响焊料的流动性，焊接性能下降。

（2）锡铈中间合金，两个元素是相亲且稳定的。

（3）铈锡中间合金金相很细。这个物理特性很有益，可用在铋系低温焊料中，解决铋元素的脆性问题，提高其抗拉强度，用以改善目前焊接工艺。

（4）添加少量钴可以改善 SnBi 脆性，提高其抗拉性能。但锡钴是不亲和的两个元素，不能以全部纯锡作为基料。锡作为基材须加入 20%~30%铋作为混合基料才能改善锡钴亲和问题。

7 稀土元素及铋在有色金属中的应用

稀土在铝及铝合金中的作用可归纳为如下几个方面：

（1）减轻非金属杂质的有害影响，降低铝中氢、硫和氧的含量；

（2）细化晶粒和枝晶组织，提高热塑性；

（3）改变杂质存在状态，消除粗大块状组织，稳定晶界；

（4）降低基体表面张力，改善流动性，从而改善铸造性和成型性；

（5）提高铝及铝合金的耐腐蚀性能。

镁合金中添加适量的稀土金属后，可以增加合金的流动性，降低微孔率，提高气密性，显著改善热裂和疏松现象，使合金在200~300℃高温下仍具有高的张度和抗蠕变性能。

稀土在锌合金中的作用如下：

（1）稀土元素可以提高锌基合金铸造时的流动性；

（2）稀土元素在锌基合金中可以形成比基体硬度高得多的金属间化合物硬质相，可明显提高合金的耐磨性。

稀土具有的净化、除杂、改变夹杂物形态和细化晶粒等作用，可使铜和铜合金的性能得到改善：提高合金的力学性能，改善高温塑性，消除或减轻加工时造成的困难，改善铜合金的导电、导热、耐腐蚀、焊接及高温抗氧化性能。

表7-1和表7-2所示为含稀土元素的低熔点合金代表成分。

表7-1 铋基及含铋较多的低熔点合金代表成分

合金类别	合金熔点/℃	金属熔点/℃						
		Bi	Sn	Pb	Cd	In	Sb	Zn
		271	232	327	321	157	630.5	419.5
		金属含量/%						
铋基多元合金	47	44.70	8.30	22.60	5.30	19.10	—	—
铋基多元合金	58	49.00	12.00	18.00	—	21.00	—	—
	70	50.00	13.30	26.70	10.00	—	—	—
	70~73	50.50	12.40	27.80	9.30	—	—	—
	70~79	50.00	9.30	34.50	6.20	—	—	—
	70~84	50.72	14.97	30.91	3.40	—	—	—
	70~90	42.50	11.30	37.70	8.50	—	—	—
	83~92	52.00	15.30	31.70	1.00	—	—	—
	103~227	48.00	14.50	28.50	—	—	9.00	—
铋基三元合金	92	51.60	—	40.20	8.20	—	—	—
	95	52.50	15.50	32.00	—	—	—	—
	95~104	56.00	22.00	22.00	—	—	—	—
	95~114	59.40	25.80	14.80	—	—	—	—
	95~149	67.00	17.00	16.00	—	—	—	—
	103	54.00	26.00	—	20.00	—	—	—
	130	56.00	40.00	—	—	—	—	4.00
铋铅合金	101~143	33.33	33.33	33.34	—	—	—	—
	124	55.50	—	44.50	—	—	—	—
	70~101	35.10	19.06	36.40	9.44	—	—	—

续表 7-1

合金类别	合金熔点/℃	金属熔点/℃						
		Bi	Sn	Pb	Cd	In	Sb	Zn
		271	232	327	321	157	630.5	419.5
		金属含量/%						
二元合金	138	58.00	42.00	—	—	—	—	—
	138~170	40.00	60.00	—	—	—	—	—
	144	60.00	—	—	40.00	—	—	—

注：单熔点的为共晶型合金，余为非共晶型合金。

表 7-2 其他低熔点合金代表成分

合金类别	合金熔点/℃	金属熔点/℃						
		Bi	Sn	Pb	Cd	In	Sb	Ag
		271	232	327	321	419.5	630.5	961
		金属含量/%						
铅基三元合金	120~152	21.00	37.60	42.00	—	—	—	—
	145~176	12.60	39.90	47.50	—	—	—	—
	236	—	—	79.70	17.70	—	2.60	—
锡基多元合金	132~139	5.00	45.00	32.00	18.00	—	—	—
	183	—	61.86	38.14	—	—	—	—
锡基三元合金	142	—	51.20	30.60	18.20	—	—	—
锡镉合金	177	—	67.75	—	32.25	—	—	—
锡锌合金	199	—	91.00	—	—	9.00	—	—
锡银合金	221	—	96.50	—	—	—	—	3.50
铅锑合金	247	—	—	87.00	—	—	13.00	—
铅镉合金	248	—	—	82.50	17.50	—	—	—

注：1. 单熔点的为共晶型合金，余为非共晶型合金。

2. 熔点超过锡熔点 232℃的合金，为便于比较而列入本表。

铋系律低温锡合金见表 7-3 和表 7-4。

表 7-3　低温锡焊料（一）

编号	熔点/℃	化学成分/%							工艺性质
		锡	铋	铅	镉	锌	铟	铟	
1	62	15.3	28.1	—	—	—	—	56.6	不宜拉伸，宜液熔焊接
2	70	13.3	50	26.7	10	—	—	—	
3	95	15.5	52.5	32		—	—	—	
4	103	26	54	—	20	—	—	—	
5	130	40	56	—	—	4	—	—	
6	137	61.5	37.6	—	—	—	0.9	—	
7	138	60	40	—	—	—	—	—	
8	183	61.86	38.14	—	—	—	—	—	

表 7-4　低温锡焊料（二）

编号	熔点/℃	化学成分/%							工艺性质
		锡	铋	铅	镉	锌	铟	铟	
1	55.6	19.2	20.8	—	—	—	60	—	不宜拉伸，宜液熔焊接
2	58	12	49	18	—	—	21	—	
3	60	13.5	19.8	—	—	—	66.7	—	
4	70	—	48.5	21.5	—	—	30	—	
5	80	20.3	39.2	—	—	—	40.5	—	
6	103	26	54	—	20	—	—	—	
7	125	—	52.5	41.6	—	59	—	—	
8	132	60.2	35.6	—	—	4.2	—	—	

8　电镀锡阳极板多功能模具

在电子元器件、铜丝、线路板等电镀锡工艺中，必须用纯锡和锡铅合金制造成阳极板料，吊挂在电解槽中，通过电流的作用，使需镀上锡金属的载体表面镀上锡层。电镀锡工艺主要制造设备除熔锡冶炼炉外，还需铸铁或合金铜质组合模。阳极板体积大小，因电镀企业规模不同而不同。由于电解槽能量容积不同，因此阳极板的尺寸规格很多，厚度可以为 10~50mm，宽度可以为 100~500mm，长度可以为 200~800mm。故而一个阳极板制造企业需备有近 30 种规格的模具。一套模具重量达到 50kg 以上。每套模具须投资万元以上。操作上劳动强度高，产量低，两人操作一天最多仅能生产 300~400kg 阳极板产品。产品成本大，而且铸造成的产品还需锯切浇口及加工吊环圆孔。旧式模具结构见图 8-1。新型的多功能模具一个企业仅需两台，因纯锡与锡铅合金必须分开专用。该模具可以兼用各种体积尺寸的阳极板，而且不需切头，打孔能一次完成，不同体积能任意组合，并有冷却装置。它的生产能力是旧模具的 3~5 倍，劳动强度低，质量好，投资少，产量高。

图 8-2~图 8-10 为多种功能模具示意图。

如图 8-2 所示多功能模具可用于锡板、锡箔、铝板、铝箔、铅板、铅合金板等。

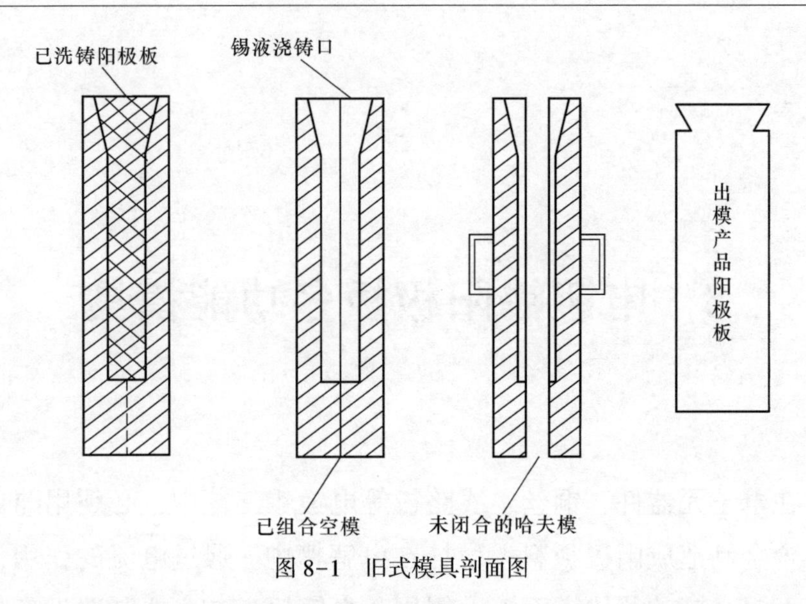

图 8-1　旧式模具剖面图

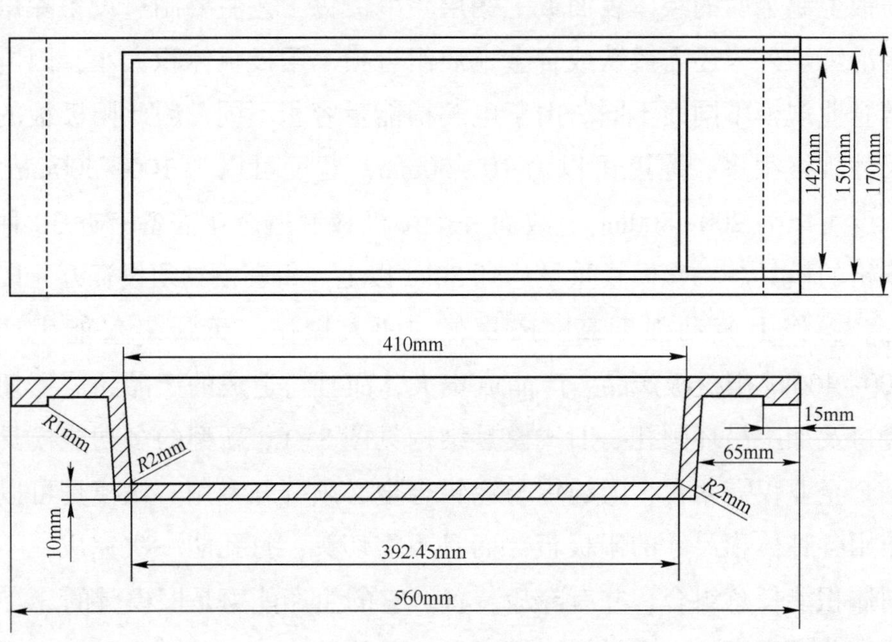

图 8-2　锡合金模具

（材料：铸铁；适用于 SnAg、SnCu 中间合金；
质量要求：模具内腔需无砂眼、无孔洞、光滑、磨光、材质强度好）

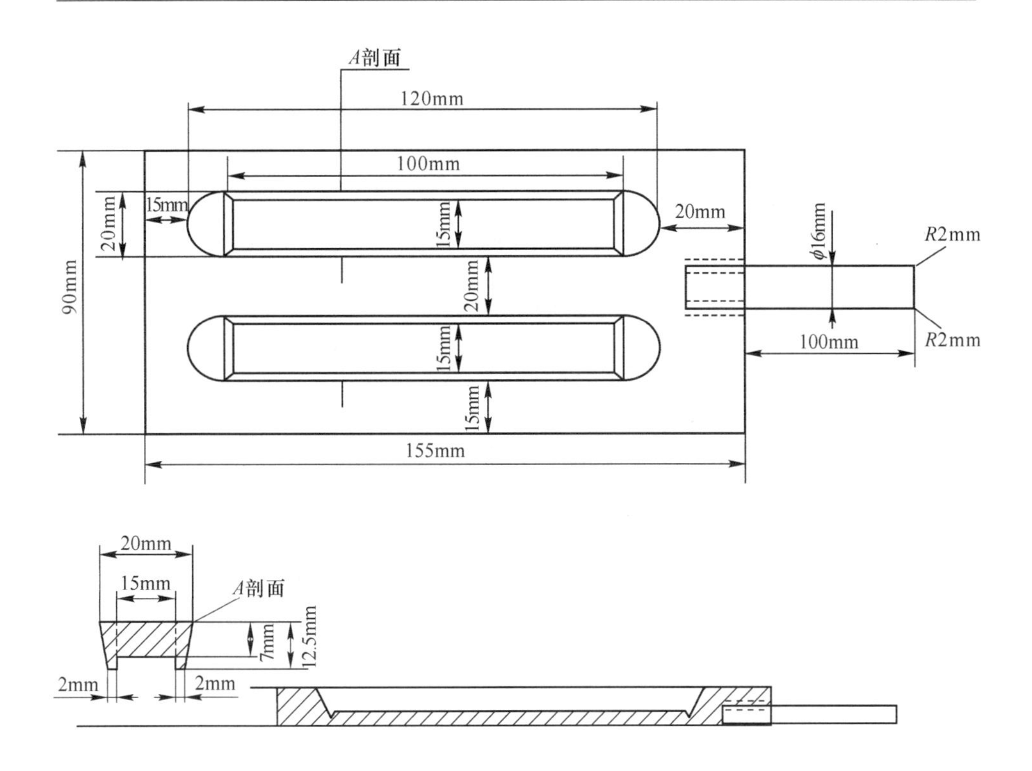

图 8-3　锡合金化学分析模具

（一模二条材料：不锈钢；加工精度：全部▽7）

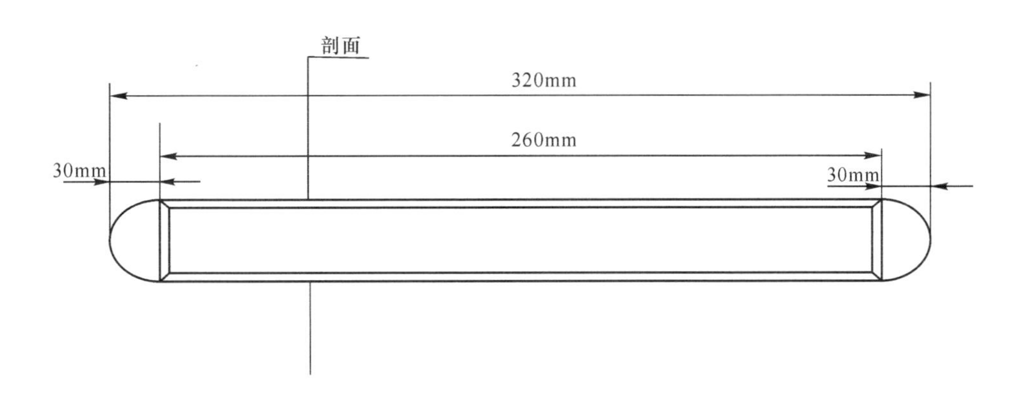

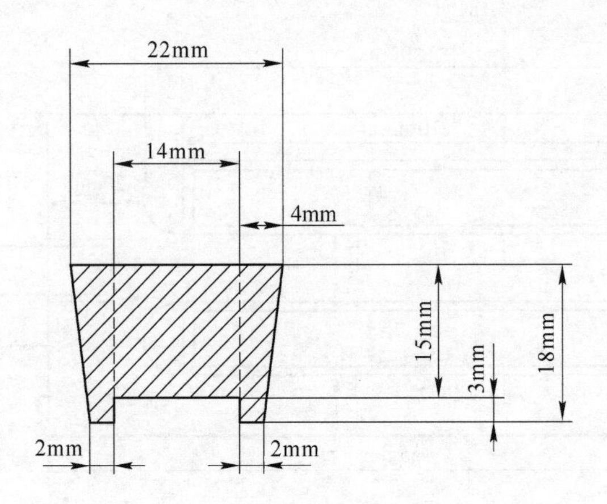

图 8-4　焊锡条示意图

（单根重量约 750g，模板可开 16 根，采用弹簧圆销顶出）

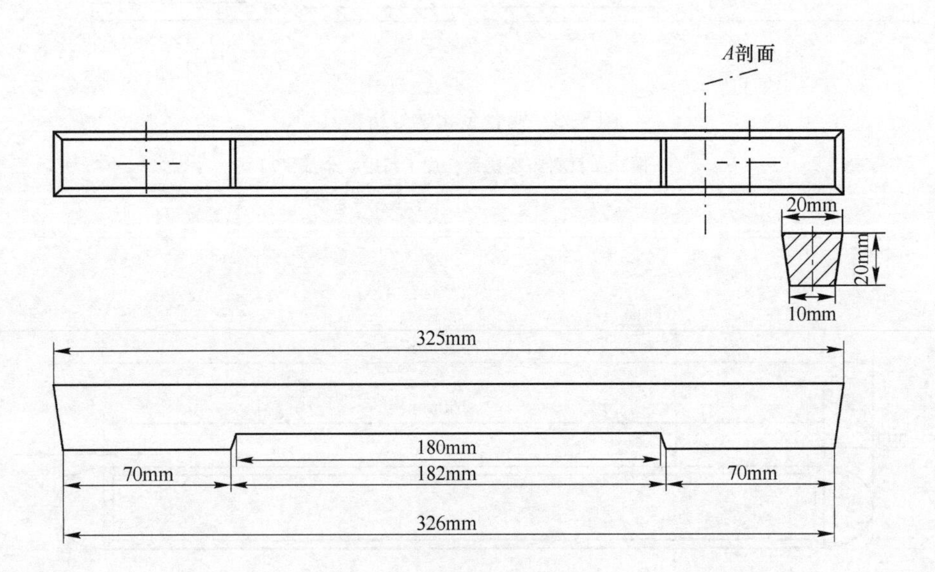

图 8-5　无铅焊锡条模具

（材料：不锈钢；比例：1∶1）

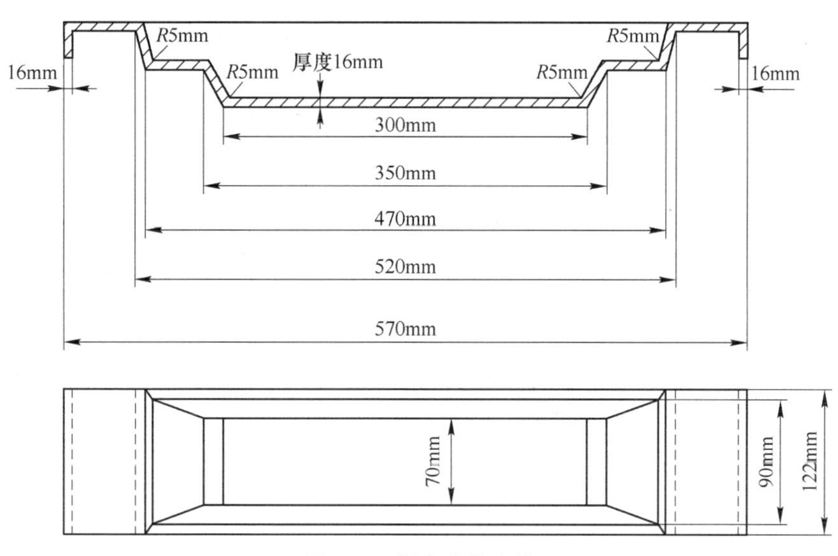

图 8-6　锡合金铸造模

（适宜用途：锡丝回炉锡合金等；
材料：优质铸铁或铜合金、铝锰铜；
技术要求：内槽需光滑，无砂眼、针孔等）

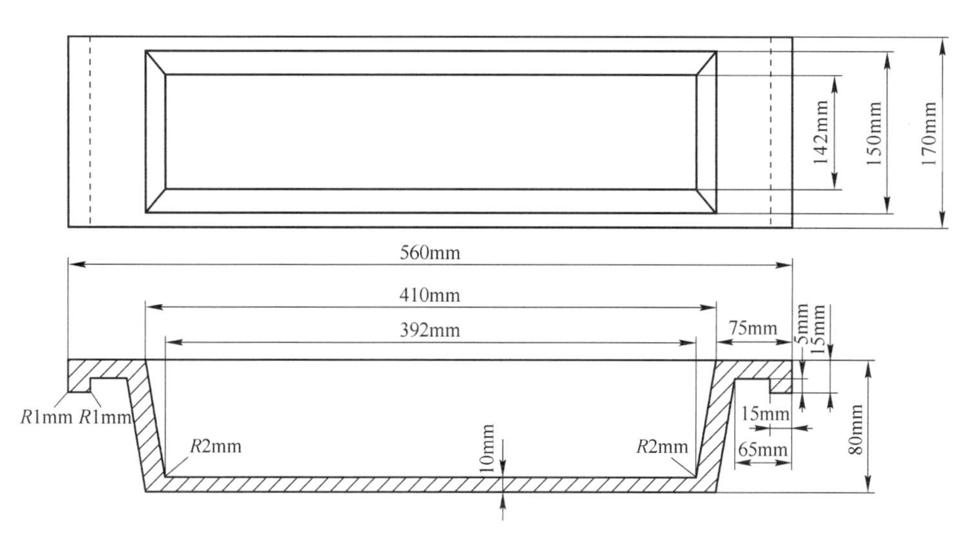

图 8-7　锡合金模具

（质量要求：模具内腔需无砂眼、无孔洞，需光滑、磨光，材质强度好；
材料：铸铁；
比列：按标志尺寸；
适用于 SnAg、SnCu 中间合金）

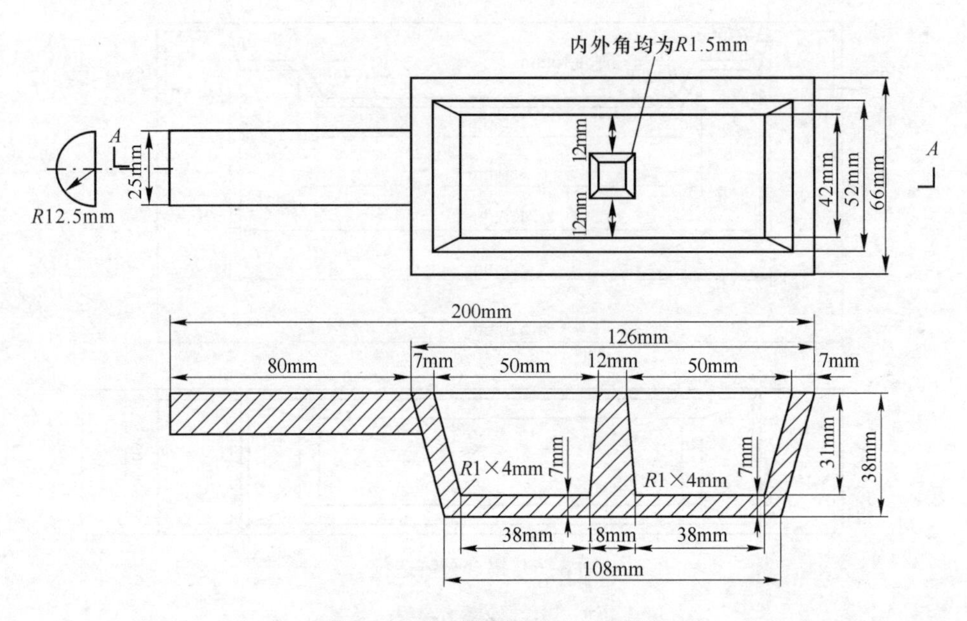

图 8-8　锡焊料化学成分鉴定模

技术条件

1. 铸件不得有砂眼、气孔夹杂等缺陷；
2. 内腔锐角均为 R1mm；
3. 标志为反凸字，字笔画高度 3mm，宽度 2mm；
4. 模具平行度 0.6~2.5mm；
5. 材质要硬而不能脆性；
6. 铸口要修光滑。

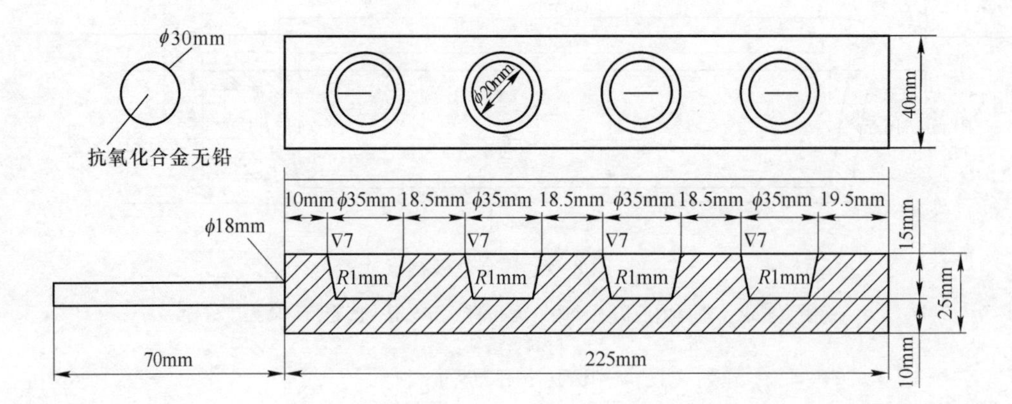

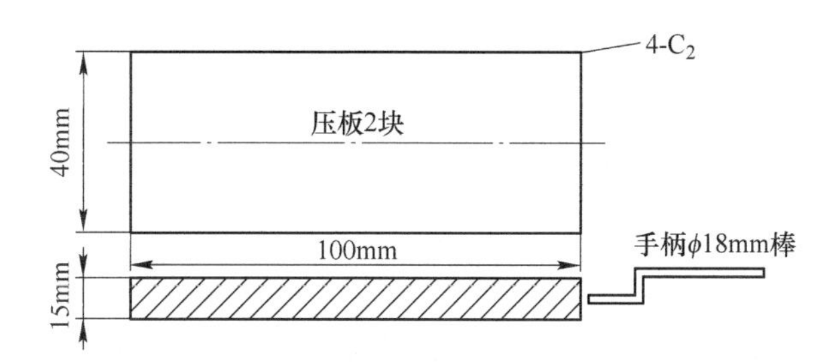

图 8-9　高温抗氧化锡合金模具

（材料：不锈钢；

数量：两套；

模槽加工精度▽7）

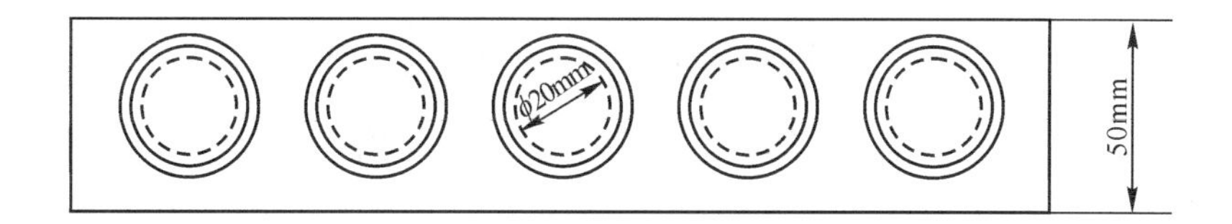

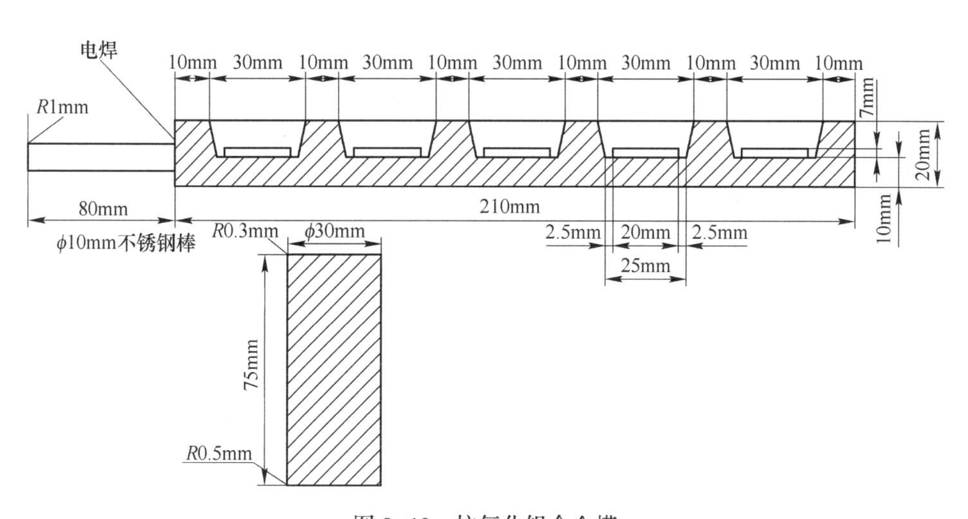

图 8-10　抗氧化锡合金模

（材料：不锈钢；模槽加工金属精度▽7；

模槽底部要刻字（专家）；

数量：4 块）

9　锑元素在锡铅焊料合金中的应用

我国锡焊料工业起步较晚，1950 年上海工业基地才有了一家民营企业——上海铅锡材料厂，开始了锡焊料与铅合金材料的研发制造。该厂创办人严孝钏先生在 1952 年研制成功第一根含有助焊剂芯的焊锡丝，填补了国家的空白。随着我国电子信息工业的蓬勃发展，锡焊料产量远远跟不上需求，单凭上海铅锡材料厂很难满足电子工业的需要。因此，在 20 世纪 60 年代初，北京、天津、广州等城市，纷纷派员向上海铅锡材料厂取经，学习锡焊料产品技术工艺。在当时全国一盘棋的政策指导下，上海铅锡材料厂成为无私的培训锡焊料的科技生产基地。学成后这些城市在当地开始创办了锡焊料制造企业（如：无锡的有色金属材料厂、宁波市铅锡材料厂、成都市焊料厂、北京市有色金属加工厂、西北有色金属加工厂等），形成就地供应锡焊料格局，稍微缓解了锡焊料的供需矛盾。上海铅锡材料厂作为锡焊料奠基企业是当之无愧的。

锡焊料是电子信息产业的重要焊接材料。在电子焊接组装工艺中，波峰焊线路板组装焊接、热风整平喷锡、热浸焊、手工焊、回流焊等都是不可缺少的。但在 20 世纪 80 年代，纯锡资源被国家列为出口的重要资源以换取外汇，而国内锡耗量随着电子工业的发展也急剧攀升。因此国家号召焊料企业科研创新节锡焊料，以节约宝贵的锡资源。铅锡材料厂深入研究锡焊料合金中添加锑元素获得成功。新型的焊料 SH-8160、SH-8155、SH-8150 取代老的型号，达到节锡 15%的效果。新的锡焊料经电子企业采用，质量效果良好，并节约了产品成本，获得社会好评。因此获得了上海市科委新材料二等奖荣誉。

锡铅焊料合金中添加锑元素配比含量详见表 9-1～表 9-2，并注意以下几点：

（1）Sn 含量大于 60%时，禁止添加锑元素，因为 Sn 含量大于 60%的合金，添加锑元素会影响流动性，对焊接质量是有害而无益的。

（2）制造焊锡条可同时添加纯铋元素，细化合金结晶，提高材料的力学性能。铋元素添加量为 0.3%～0.5%时，对润湿流动性起有益的效果。

（3）制造焊锡条可加入 0.2‰～0.3‰第三代抗氧化合金，减少氧化锡的形成，改善净化焊接质量。要注意的是焊锡丝禁止添加抗氧化合金，否则造成焊接失效。

（4）锑锭要用优质品，最好是 1 号锑锭。

锡铅焊料中添加适量的锑元素和微量的铋元素有如下优点：

（1）促进锡焊料合金结晶细化，焊点紧密滋润，杜绝虚焊、假焊；

（2）提高锡焊料的润湿性，强化可焊性；

（3）增强焊点和锡镀层的光亮度；

（4）提高焊件的抗拉强度；

（5）适当降低锡焊料熔点。

在锡铅焊料合金中添加锑元素，经长期的实践考验，在电子工业中确有优化的成果。因而在 GB/T 3131—1988～GB/T 3131—2020 中，列上了含锑锡焊料的化学成分配比。

锑元素必须采取 SnSb 或 PbSb 中间合金工艺，以稳定化学成分和细化结晶，它的配比是 Sn 50%、Sb 50%或 Pb 50%、Sb 50%。经鉴定合金含 Sb 量应大于 49.5%，冶炼的工作温度是 650～680℃，浇铸前须搅拌均匀，温度应不低于 400℃。

上述锡铅新型焊料可制造丝、条、扁带等品种，型号为 SH8150、SH8155、SH8160。该科研成果，经上海市冶金局核准，企业标准为沪 Q/YB 88083。

焊锡丝的物理性能如下：

（1）助焊剂含氯量小于 0.5%；

（2）扩展率大于 80%；

（3）酸值 158mg/g；

（4）抗拉强度 3900～4500MPa；

（5）电阻率 0.1795Ω · mm；

（6）配以优质的助焊剂，芯剂量 1%～2.8%；

（7）焊锡丝的线径 ϕ0.5～ϕ3mm。

表 9-1 和表 9-2 所示为锑系列锡合金制造焊锡丝配方。

表 9-1　锑系列锡合金制造焊锡丝配方（一）

产品型号	化学成分/%					应　用
	Sn	Sb	Bi	In	Pb	
SH8135	26～28	1.2～2.0	0.15～0.30	微量	余量	适用于电子元件的焊接
SH8150	42～43	1.2～2.0	0.15～0.30	微量	余量	
SH8155	46～48	1.2～2.0	0.15～0.30	微量	余量	
SH8160	53～54	1.2～2.0	0.15～0.30	微量	余量	

注：内芯采用各种优质助焊剂，铜元件、镍元件均适合。

表 9-2 锑系列锡合金制造焊锡丝配方（二）

产品型号	化学成分/%							应 用
	Sn	Sb	Bi	In	Re	Ga+P	Pb	
SH8120	12~14	1.2~2	0.15~0.3	微量	0.005~0.01	0.02~0.3	余量	可用于制造热浸焊及汽车水箱焊接
SH8135	27~28	1.2~2	0.15~0.3	微量	0.005~0.01	0.02~0.3	余量	
SH8140	32~34	1.2~2	0.15~0.3	微量	0.005~0.01	0.02~0.3	余量	
SH8150	42~43	1.2~2	0.15~0.3	微量	—	0.02~0.3	余量	适用于电子元件热浸焊 SH-60 可适用于波峰焊
SH8155	46~48	1.2~2	0.15~0.3	微量	—	0.02~0.3	余量	
SH8160	53~54	1.2~2	0.15~0.3	微量	—	0.02~0.3	余量	

10　抗氧化锡合金配方

10.1　抗氧化锡合金研制起因

改革开放后，我国电子工业部从日本日立引进三套波峰焊接机，投放在三家彩色电视机企业：上海电视机一厂（金星牌彩电）、南京七三四厂（熊猫牌彩电）、北京七六一厂（牡丹牌彩电）。实现了线路板从手工焊接到自动化焊接工艺的先进革命，成为焊接工艺的重大飞跃。上海电视机一厂的科研人员为了净化焊点质量，减少工艺中氧化锡的产生（即锡渣锡灰），采取锡液面投放高温石油为覆盖剂措施，防止锡液表面氧化。但是使用后，石油要老化发黑影响焊点质量，而且石油受热产生气体污染环境。经过攻关努力，上海铅锡材料厂在 1980 年 5 月份成功研制出了含磷的 SnP 抗氧化锡合金。经应用检验，其在锡焊料波峰焊接工艺中，在锡液工艺温度低于 280℃时具有抗氧化功能。该合金取名为 801 抗氧化锡合金。是锡焊料领域中的第一代抗氧化锡合金。

经物理机理分析，这项抗氧化功能为治表方法，随着工艺时间延长和工艺温度的升高，它的抗氧化功能就会消失。此法在国外较少采用。他们采用较多的是在锡合金中添加钯、镍、钛、银、锗等元素，来提高它的抗氧化性能及抗老化性能。但此法成本贵，而且冶炼技术也要深化。

10.2 抗氧化锡合金的发展

SnP 抗氧化锡合金从研制成功到投入锡焊料液态工艺中，如波峰焊、热风整平等应用，是一大技术进步。应用时间也比较长，从1980 年到 2003 年历时将近 25 年。随着电子工业的蓬勃发展，新的焊接工艺涌现，如锡焊料高温焊接浸焊工艺、铝元件焊接、漆包线脱漆焊接、低温锡液焊接等。原 SnP 抗氧化合金有如下缺点：

（1）它的熔点太高，在 400℃±10℃，而波峰焊时不需升到如此高的温度，故升温不上，添加该合金时就无法熔化。

（2）它的抗氧化膜活动性太大，氧化膜停不住要影响焊接功能。

（3）在需高温浸焊（>280℃）时，当高于锡液（>280℃）时，它的抗氧化功能就会破坏消失。焊接电子变压器时，如果去不了漆包线上的漆，就不能焊接。

（4）锡焊料的抗氧化薄膜大于 380℃时，就要被分解破坏，失去抗氧化功能。

鉴于以上缺点，SnP 抗氧化合金无法适合新的焊接工艺。

SnP 抗氧化膜存在不稳定的问题。为解决这个问题在 SnP 合金中添加适当纯镓元素。由此 SnPGa 抗氧化锡合金被成功研制为第二代抗氧化锡合金。

第二代抗氧化锡合金的成功研制后，经过实践、再研制，在

2005 年合成了 SnPGa+X，成为第三代高温抗氧化锡合金。它的优点如下：

（1）抗氧化锡合金熔点 300℃ ± 10℃，比第一代 SnP 合金低 100℃。

（2）抗氧化薄膜是稳定的，银白色，很滋润。

（3）抗氧化功能失效标志是锡焊料液面泛黄色。

（4）在适合工艺温度和适宜 SnPGa+X 投量数据下，它的抗氧化性能始终优良。

（5）最低工艺温度低于 280℃，最高浸焊工艺温度可达 500℃，可按表 10-4 选择投入量。

（6）其适用于线路板热镀锡、光伏铜带热镀锡、各种电子元件引浸焊工艺、二极管手工浸焊、电子变压器去漆上锡工艺、铜丝热镀锡工艺。

需特别注意的是，第三代 SnPGa+X 抗氧化合金，不适宜在波峰焊锡机上使用。由于波峰高度大，锡液波动态剧烈频繁，锡液落差大，飞溅激烈，造渣较多，加上镓元素黏度较大，易与锡渣粘在一起，使渣灰越粘越多，形成恶性循环，因此抗氧化功效不好，特别是在双波峰机上渣灰更多。近年来采用第四代、第五代抗氧化合金，效果较好，尤其是第五代 SnPGe+X 抗氧化合金，但是成本较高一点。自制 SnPGe+X 合金 1t 锡焊料比使用 SnP 要多出约 500 元。

在第二代和第三代抗氧化锡合金投入市场应用后，第一代 SnP 抗氧化锡合金基本上退出市场。但是从 1980 年到 2005 年，第一代 SnP 抗氧化合金在锡焊料热镀锡工艺服役了 25 年，功不可没。

对比第一代 SnP 产品与第三代产品的成本，以光伏锡镀铜带作基准，SnP 目前价格约是 170 元/千克，SnPGa 目前价格约是 350

元/千克。1t 锡焊料投入 SnP 1kg 合 170 元；1t 锡焊料投入 SnPGa 0.25kg 合 75 元；每吨锡焊料成本约为 95 元。从 2012 年到 2018 年锡焊料的供市销量以每年平均销 15000t，6 年共计 90000t，可节约成本计 855000 元。

2005 年以后人们对抗氧化锡合金又作深入的研发，制成第四代和第五代抗氧化锡合金。第四代专用于波峰焊机。其氧化膜较薄，而且不产生黏性，能大量降低锡渣灰渣。

第五代抗氧化锡合金是采用锗元素，合成化学成分是 SnPGe+X。以机理分析，它是目前最为优质的抗氧的合金，氧化膜清透光亮，熔点仅为 250℃左右，抗氧化膜无黏性，而且流动性佳，是波峰焊、镀锡铜带、线路板镀锡的最佳选择。但其成本略高，1t 锡焊料需 500 元，现尚未大量上市应用。

10.3 抗氧化技术概述

抗氧化涉及范围极广，如金属固态抗氧化、金属液态抗氧化等。本章重点叙述锡焊料抗氧化技术。

10.3.1 金属固态抗氧化

在冶金产品材料上，无论是黑色金属还是有色金属，相关专家学者都不遗余力地研究创新抗氧化技术。

为了延长使用寿命，不被氧化、腐蚀，黑色金属钢板、钢管、型材等制成镀锡板、镀锌板、渗锌管、渗铝管，近代对钢板还创制了塑料复合板，在电子元器件上进行镀铜、镀镍、镀锌合金等。

借用有色金属如铜、锌、铝、镍等来做黑色金属材料的保护层，当然可作缓兵之计。但是有色金属元素，其本质也存在被氧化的情况，但比起黑色金属钢铁来说，其被氧化程度要缓和得多。空气中除了氧元素外，还含有微量的硫酸雾等。钢材结构件若是暴露在室外，则其表面被氧化、生铁锈。再加上日晒雨打，则钢材被腐蚀形成废品。

10.3.2 锡合金冶炼工艺中的抗氧化技术

锡焊料无铅合金冶炼中，涉及众多的金属元素。有些元素的熔点高的达 1000℃左右，需要采取中间合金的冶炼工艺。如铜、银、锑、镍、钛、锗、硅、钛等。有的元素不仅熔点高，而且性质活泼，如硒、锗、铈、镧、锌、锑、混合稀土等。在高温时，易挥发升华，甚至燃烧，必须采取抗氧化技术。

纯锡基料熔化后，需在液面上加覆盖剂，以防止投入的元素被升华和流失，保证冶炼合金的成分稳定。

锡焊料采用的抗氧化物质很多，例如：木炭粉（不能有明火）、稻草灰、水玻璃、焦炭粉（不能有明火）、石英粉、高温火泥粉、防氧化油（高温，耐温低于 300℃）、无水松香（耐温低于 280℃）、氯化钠、氯化钾等。这些抗氧化物质都可选为单一的物质作为冶炼时覆盖剂，其中氯化钠、氯化钾属既环保又可达到理想效果。

在冶炼时，把覆盖物质投覆在锡基液面上，再添加所需易挥发升华的元素，如硒、锗、铈、镧、镉、锑、混合稀土等元素，能起到不挥发、不升华及不燃烧的效果。这样不仅能稳定冶炼合金的化学成分，同时可以大量减少锡渣、锡灰的产生，免得贵重金属之流失。

10.4 锡焊料中抗氧化技术研制的起源与历程

抗氧化合金技术融入锡焊料中，迄今已达30余年，目前已是第五代了。1980年初，上海市仪表局所属上海电视机一厂、上海录音器材厂、上海520厂，上海101厂等纷纷提出革除波峰焊组装上使用的抗氧化油工艺。因为抗氧化油受高温炭化后，会污染组装件，造成电子产品严重质量问题。并且在使用过程中，防氧化油在液态锡合金高温下会产生烟雾升华，影响员工健康。这些企业强烈地希望锡焊料专业企业，在抗氧化性能上能够结合在锡焊料结构中做出研制创新。

上海科学技术委员会的下达项目，命令上海铅锡材料厂研制。当时厂部决定由著者带队进行科研创新攻关工作。经过180天的研制开发，筛选出以P元素为第一代抗氧化添加元素的抗氧化合金，以纯锡作基料熔入P元素为抗氧化合金，其性能具有成效。

该合金工作温度可达280℃，符合电子工业波峰焊工艺250℃的要求。其在锡焊料液面能呈现一层银白色的保护薄膜，具有良好的抗氧化的功能。锡渣、锡灰仅为原来量的1/16~1/10，节约了大量的贵重金属和锡的资源，并达到电子工艺净化焊接工艺要求，提高了电子产品焊接质量。

该合金配方是以纯锡为基料，以红磷为配合元素。磷的含量需达到5%~6%。在加入磷时，锡液温度以600~650℃为宜。石墨坩埚为熔锅，要用能控温电炉生产，生产功率在30~40kW。红磷是特种易燃易爆危险品，如操作不善，会造成重大火灾与人身伤亡事故。生产配制要有完备安全措施，并且有一套专用工具设备和操作工艺。在配制时必须有资深的，熟悉该项熔炼技术的工程师在现场指导监督。

第一代抗氧化合金定名为低温普通抗氧化锡合金，在锡焊料中添加量为1.0‰~1.2‰，它的熔点为450℃±10℃。加入后，在锡焊料液面上形成一层银白色的薄膜（即抗氧化的保护膜），使锡焊料与空气中的氧隔绝，并使锡渣、锡灰大量减少。当使用时间过久后，锡焊料液面泛黄，说明抗氧化功能已消失，需重新添加抗氧化合金（要炉外熔化后加）。因为抗氧化合金熔点达450℃，波峰机炉不能升到450℃以上。抗氧化合金加入后，浮起一层银白色的薄膜，则证明抗氧化功能恢复。

另外要提示的是，在热浸焊高温焊接时，工艺锡温度超过450℃，其液面薄膜若变为花朵跳动，则说明该抗氧化锡白色膜已破坏，此时抗氧化功能已消失，须立即降温并重新配新料。

第一代锡焊料中抗氧化合金，在电子工业焊接工艺中服役了近30余年。直到2000年，随着信息产业的蓬勃发展，无铅化焊料兴起，在波峰焊组装焊接与热风整平喷锡工艺上，由于工作温度为265~270℃，而SnP抗氧化合金的液面薄膜活动性太大，不稳定，影响焊接性能，其工艺锡焊料温度已接近280℃。因此第一代抗氧化锡焊料已不能满足要求。广大用户期望抗氧化锡焊料的工作温度超过300℃。经深入研究，采用镓元素加入SnP配方中，能达到工艺温度300~380℃。它的组成配方是普通抗氧化合金配方SnP 1%~1.2%基础上添加12%~15%的镓元素，即1000kg锡焊料中，在锅中直接加入SnP抗氧化合金1~1.2kg，再添加12~15g镓元素。它在焊料液面呈稳定的银白色薄膜，成为第二代抗氧合金。

这是第二代抗氧化合金的产生，而且无铅、有铅焊料都可适应。2005 年电子变压器的浸焊工艺兴起，急需抗氧化锡焊料，工作温度要能达 480~500℃。至此第二代抗氧化合金也无法满足要求。因为电子变压器的引线是绝缘漆包线，绝缘漆的熔点高达 500℃，需一次性去漆上锡完成。经研发直接加纯镓能达到 500℃工作温度。可是其黏度太高，而使引线镀锡层连桥，使变压器断路。为了攻克这一科技难关，成功研发了浓缩的三合一的新颖高温抗氧化锡合金，其耐温达 500~520℃，而且焊接时引线脚不带锡、不连桥，焊件一次脱漆上锡完成。至此，第三代抗氧化合金面世。第三代抗氧化合金兼用性很广泛，可投入不同的含量，它的工作温度亦可多方适应。在这里要特别关注是：

(1) 所介绍这三代抗氧化锡合金都是纯锡为基料，无铅型，符合 RoHS 指令规定化学成分。

(2) 第一代、第二代抗氧化合金适宜动态工艺，第三代抗氧化合金适宜静态工艺。

(3) 在焊锡丝及各种形状电镀阳极焊料上，禁止使用抗氧化合金。P 的活动性能会损坏焊接质量。

锡焊料中抗氧化合金技术，经历了近 30 多年的历程，在生产领域做出了一定的贡献。第四代、第五代抗氧化合金已于 2012 年研制成功，详见专文介绍。

表 10-1 所示为抗氧化合金组成，表 10-2~表 10-7 所示为第一代至第五代抗氧化合金成分及工艺。

表 10-8 为锡焊料抗氧化合金研制及技术参数；表 10-9 为第三代高温抗氧化合金不同投入量鉴定情况；表 10-10 为第四代抗氧化合金性能检测参数；表 10-11 为高温抗氧化合金不同投入量鉴定情况。

表 10-1　抗氧化合金组成

元素	熔点/℃	相对密度	硬度	沸点/℃	挥发性	固体色谱	液态温度及色谱	特性	断口状态
锡	230	7.3	4.5	2340	稳定	金黄色	>350℃，金黄色	展性好	—
磷	590	2.2	粉状	—	易燃烧	赤红色	—	碰撞易燃烧	与锡合成后颗粒光亮
镓	29	6	—	2100	升华	银紫色	>50℃，银色	脆性	银色晶粒
锗	959	5.36	190	2700	升华	闪光银色	>1100℃，浅黄色	脆性	暗银色
镍	1455	8.9	73	3080	稳定	暗银色	1500℃，银色	展性好	与锡合成后闪光晶粒

注：磷是极其危险的物品，受热、受撞都会迅速起火燃烧，产生大量烟雾，操作工人要加倍小心，要有资深的工程师在场才能够生产。

表 10-2　第一代抗氧化锡合金化学成分与制造工艺

原料	化学成分		冶炼炉	冶炼熔锅	工艺工具	冶炼锡液温度/℃	普抗合金熔点/℃	支撑后模具与铸造温度	适宜用途及添加量
	锡	红磷							
纯锡，>99.96%；红磷，>99.9%	94%~95%	5%~6%	控温电炉功率，25~30kW	100号高级石墨坩埚	特殊设计的专用工具	600~650	450+10	圆粒状钢模 600~700℃	波峰机热风整平，添加量1‰

注：1. 第一代抗氧化锡合金，亦称普抗，研发成功时间为1980年3月。

2. 红磷是万分危险的化学元素，不仅易燃，而且易爆。故而冶炼中要有各方面的安全措施，要有专业的资深工程师在现场监督指导下才能制造，以免造成火灾和人身伤亡重大事故。

3. 操作时人员不能穿有铁钉的鞋子，并不能使用铁器做工具，专用工具必须是冷态的，干燥的。

4. 冶炼时放磷的专用工具与操作方法均由专业工程师主理掌握，严防事故的产生。

5. 本抗氧化合金须在低于280℃工作温度时使用，并易升华。

表 10-3 第二代抗氧化锡合金化学成分与制造工艺

化学成分			冶炼炉	冶炼工艺方法	合成后锡焊料熔点/℃	适宜用途	特性
锡焊料为基料	SnPb合金	SnPb+Ga					
60/40或63/37及无铅焊料	1000kg	SnPb 1000g Ga 12~15g	自控电炉功率45kW，不锈钢锅容量1000kg	锡焊料配制后搅拌去渣灰，投入SnP与Ga	183~190	波峰焊热风正平	抗氧性能小于350℃，较第一代不易升华，液面覆一层银白色的薄膜，很稳定

注：1. 第二代：中温抗氧化锡合金，研发成功时间为2003年1月。

2. 该第二代抗氧化合金是在锡焊料大锅中进行冶炼的，需在焊料冶炼配制完成后升温至400±10℃，然后清除液面渣灰，再投入1‰的普通抗氧化合金，熔化后降温至320~350℃，再投入12~15g的纯镓，熔化后搅拌10min左右，即可铸造焊锡条。

3. 它的使用工作温度能达到300~350℃，性能要比第一代抗氧化合金优良很多，而且较稳定，但是不能超过350℃，否则普抗合金中的磷元素要被破坏。薄膜形成花片状在锡液面跳动，这是抗氧化性能消失的特征。

表 10-4 第三代抗氧化锡合金化学成分与制造工艺

化学成分（总量1000g）				冶炼炉	合成工艺方法	该抗氧合金的熔点/℃	适宜用途	特性
SnP合金	纯锡	Ga	X					
350	589.5	60	0.5	电阻炉能控温，功率8kW，不锈钢锅，容量为200kg	投入纯锡熔化后升温至450℃，投入普抗，最后投入Ga+X	300~320	适宜电子元件高温浸焊工艺	能耐锡液高温作业，可达480~500℃，抗氧化性能强，更适宜浸焊电子变压器等元件，能一次性完成去漆上锡

注：1. 第三代：高温抗氧化锡合金，研发成功时间为2005年8月。

2. 该合金在投入Ga元素后会形成糊状锡液，即可在粒状模具铸造成粒状合金，便于投入炉内。一般每粒重量以20~30g为宜。

3. 使用温度为400~500℃时，投入量为1‰~1.2‰。

4. 该高温抗氧化合金亦可用于光伏焊带工艺上，投入量以0.2‰~0.3‰为宜。不宜在波峰焊机使用，因为它的黏度会促使锡渣产生。

表 10-5 第四代抗氧化锡合金化学成分与制造工艺

化学成分				合金冶炼炉	冶炼工艺方法	熔成后该合金熔点	适宜用途	该抗氧化锡合金特性
锡		SnP	Ga+X					
1 号纯锡，>99.95%	693g	300g	7g	控温电炉，功率 5kW，不锈钢锅容量为 100kg	熔化锡后投入 SnP（420℃）时，最后投入 Ga+X	<300℃	波峰焊，光伏焊带	添加该抗氧化合金后锡液面呈现银白色薄膜而不产生黏度

注：1. 第四代：无黏度抗氧化锡合金，研发成功时间为 2010 年 12 月。

2. 该抗氧化合金配方含量以 1000g 为单位。

3. 配好后锡液呈糊状，可铸成粒状，便于用户投炉使用。

4. 第四代抗氧化合金工作温度低于 300℃，适宜于波峰焊与光伏焊带，它在锡液面不黏，在互连带与回流带都适宜。在波峰焊能有效抑制锡渣、锡灰产生。

5. 在锡焊料的添加量为 0.8‰~1.0‰，即 1t 焊料添加 0.8~1kg。

6. 在波峰焊与光伏焊带锡炉中的示意工作温度为 220~280℃。

表 10-6 第五代抗氧化锡合金化学成分

投料量	Sn 纯锡	Pb 纯铅	SnGe 锗	SnP 合金	X1+X2
1000kg	598.14kg	397.76kg	2.5kg	0.6kg	1kg
100kg	59.814kg	39.776kg	250g	60g	100g
10kg	5981.4g	3977.6g	25g	6g	10g

表 10-7 第五代抗氧化锡合金制造工艺

冶炼炉	该合金工作温度	锡焊料工艺	性 能
功率 55kW 熔量 1000kg 自动控制搅拌不锈钢锅	使用工艺工作温度小于 350℃	先投入纯铅升温至 420℃ 投入 SnP 合金，最后投入其他元素	无黏度薄膜光亮，效果好

注：1. 第五代优质抗氧化锡合金以 Sn 60%，Pb 40%为焊料，于 2015 年研制成功，适用于波峰焊、热风整平、光伏焊带等工艺。

2. SnP 制造详见第一代抗氧化工艺资料。

3. SnGe 合金是成果之关键技术，Ge 元素熔点为 959℃，以纯锡为基料，故锡液温度需大于 1100℃。要放入氯化钾为覆盖剂防止 Ge 升华。

4. 需把锗锭用工具夹住徐徐投入高温锡液中熔化。搅拌时要用钛棒。配方为 Sn 98%、Ge 2%。

表 10-8 锡焊料抗氧化合金研制及技术参数

研制历程	抗氧化合金名称	研制成功日期	合金主要元素	合金熔点/℃	有效使用工作温度/℃	适宜使用工艺	合金冶炼工艺	说 明
第一代	低温抗氧化合金	1980 年 3 月	Sn、P	400	<280	波峰焊热风整平	高温需加强安全措施	该科研成果是为取代波峰炉中抗氧化油而研制
第二代	中温抗氧化合金	2003 年 1 月	Sn、P、Ga	380	<350	波峰焊热风整平	在批量锡液中直接投入冶炼	为克服第一代合金抗氧化膜太活泼的缺点而研发
第三代（A）	高温抗氧化合金	2005 年 8 月	Sn、P、Ga、In	320	<480	电子元器件浸焊	高温冶炼成型颗粒	由于电子元件浸焊工艺需高温抗氧化性能而研制
第三代（B）	特高温抗氧化合金	2005 年 9 月	Sn、Ga、Al	400	>500	高温电子元件浸焊	高温冶炼铸成粒子	电子元件如电子变压器需高温性能以适宜

续表 10-8

研制历程	抗氧化合金名称	研制成功日期	合金主要元素	合金熔点/℃	有效使用工作温度/℃	适宜使用工艺	合金冶炼工艺	说明
第四代	波峰焊抗氧化合金	2011年1月	Sn、Ga、P	<300	270	波峰焊	高温冶炼铸成粒子	由于第三代（A）存在黏度不宜于波峰焊接工艺而研制
第五代	优秀型抗氧化合金	2015年3月	Sn、P、Ge	<300	<300	多用途	合成锭	波峰焊、光伏焊接、热风整平、低温浸焊

表 10-9　第三代高温抗氧化合金不同投入量鉴定情况

抗氧化合金投入量		检测温度/℃						
锡焊料量/kg	合金投入量	250	300	350	380	400	480	500
1000	1000g 占比 1‰	银白色薄膜	银白色薄膜	银白色薄膜	银白色薄膜	银白色薄膜	银白色薄膜	无铅焊料可达500℃不泛黄，但开始泛黄色
1000	500g 占比 0.5‰	银白色薄膜	银白色薄膜	银白色薄膜	银白色薄膜	泛黄色	—	—
1000	300g 占比 0.3‰	银白色薄膜	银白色薄膜	萌发淡黄色	泛黄色	—	—	—
1000	250g 占比 0.25‰	银白色薄膜	银白色薄膜	泛黄色	—	—	—	—

续表 10-9

抗氧化合金投入量		检测温度/℃						
锡焊料量/kg	合金投入量	250	300	350	380	400	480	500
1000	200g 占比 0.2‰	银白色薄膜	泛黄色	—	—	—	—	—
1000	150g 占比 0.15‰	银白色薄膜	泛黄色	—	—	—	—	—

注：1. 本抗氧化合金原则上是供电子元器件耐高温浸焊之用，但也可灵活调整适当投入量适用于不同工作温度的工艺，也可适用于光伏焊带锡镀工艺，互连带以第三代合金为宜，回流带选择 0.3‰效果为佳。

2. 锡焊料液面泛黄，证明该焊料抗氧化性能已消失，造渣灰条件已开始。

3. 本检测锡焊料是以 Sn60/Pb40 为基料，若以 SnCu 为基础，使用工艺温度在 500℃时液面也不泛黄。

4. 本表数据于 2005 年 9 月测定，检测时间均为 45min 以上。

表 10-10　第四代抗氧化合金性能检测参数

检测温度/℃	鉴定时间/min	合格锡液面特征	不合格锡液面特征	流动性	锡液黏度	锡液润湿性
250	>45	银白色薄膜	银白色薄膜	优良	无黏度	锡液面滋润
280	>45	银白色薄膜	银白色薄膜	优良	无黏度	锡液面滋润
300	>45	银白色薄膜	银白色薄膜	优良	无黏度	锡液面滋润
320	>45	银白色薄膜	银白色薄膜	优良	无黏度	锡液面滋润
350	>45	银白色薄膜	开始泛黄色	膜变厚	无黏度	锡液面滋润

注：1. 检测设备为自动控温控时电炉，熔锡重量小于 5000g，温度为 0~1500℃。

2. 投放本抗氧化合格比率以锡焊料总重量的 0.8‰~1‰、1.2‰为宜。

3. 本合格品可在波峰焊工艺上兼用。

4. 本合金适宜用于光伏焊带、焊料中、互连带、回流带。

5. 回流带投入量以 1‰为好。

6. 本表数据于 2011 年 1 月测得。

表 10-11　高温抗氧化合金不同投入量鉴定情况

抗氧化合金投入量		检测温度/℃						
锡焊料量/kg	合金投入量	250	300	350	380	400	480	500
1000	1000g 占比 1‰	银白色薄膜	银白色薄膜	银白色薄膜	银白色薄膜	银白色薄膜	银白色薄膜	开始泛黄色
1000	500g 占比 0.5‰	银白色薄膜	银白色薄膜	银白色薄膜	银白色薄膜	开始泛黄色	—	—
1000	300g 占比 0.3‰	银白色薄膜	银白色薄膜	萌发淡黄色	泛黄色	—	—	—
100	250g 占比 0.25‰	银白色薄膜	银白色薄膜	泛黄色	—	—	—	—
1000	200g 占比 0.2‰	银白色薄膜	泛黄色	—	—	—	—	—
1000	150g 占比 0.15‰	萌发淡黄色	泛黄色	—	—	—	—	—

注：1. 本抗氧化合金原则上是供电子元器件耐高温浸焊之用，但也可灵活使用于不同工艺上，选择不同工作温度而投适当量。也可使用于光伏焊带镀锡工艺上，互连带以第四代合金为宜，回流带选择 0.2‰、0.15‰任意效果为佳。

2. 锡焊料液面泛黄，证明该焊料抗氧化性能已消失，造渣灰条件已开始。

3. 本表数据于 2005 年 9 月测定，检测时间均大于 45min。

10.5　抗氧化锡合金工艺技术综论

10.5.1　第一代低温抗氧化合金

第一代低温抗氧化合金为锡磷抗氧化合金，其研制成功日期为

1980年3月。

(1) 组成

红磷纯度大于99.99%。

纯锡锭纯度大于99.96%；含铅量小于0.01%。

合成配方成分，纯锡94%，红磷6%，包括辅料0.6mm锡丝或纯锡刨花（包括在纯锡内）。

(2) 设备和工具

1）冶炼炉为电阻炉功率35~40kW，能自控温0~800℃；

2）优质石墨坩埚200~300号；

3）燃料为无烟煤（焦炭）；

4）特制装红磷粉的工具，圆筒状，见图10-1，需要25只；

5）80cm和20cm不锈钢面盆各2只、不锈钢汤勺4只、圆木柱2只（中80cm，长150cm）；

6）中2mm钢丝20m，紧固装好红磷后关闭盖子。锡磷抗氧化合金配比合成后红磷含量需大于5%。

(3) 专用工具的作用

红磷的相对密度为2.2，锡的相对密度是7.3。红磷若是直接投入高温锡液中，必然是浮在锡液上并全部燃烧而消失，不能与锡合成，所以要把红磷装在圆筒沉入锡液中来冶炼才能和锡合成。装红磷工艺是一层锡丝（做成圆饼状）一层红磷直到装满封盖为止。

装好红磷的圆筒沉入高温锡液中，操作上要使筒体上下运动，直至红磷在锡液中熔化完成为止。要注意熔后高温圆筒工具必须用鼓风机吹冷才能往复装粉，否则整个工具会引发红磷起火，造成消防事故。

装红磷粉工艺中，操作人员不能穿有铁钉的鞋子。使用铁器操

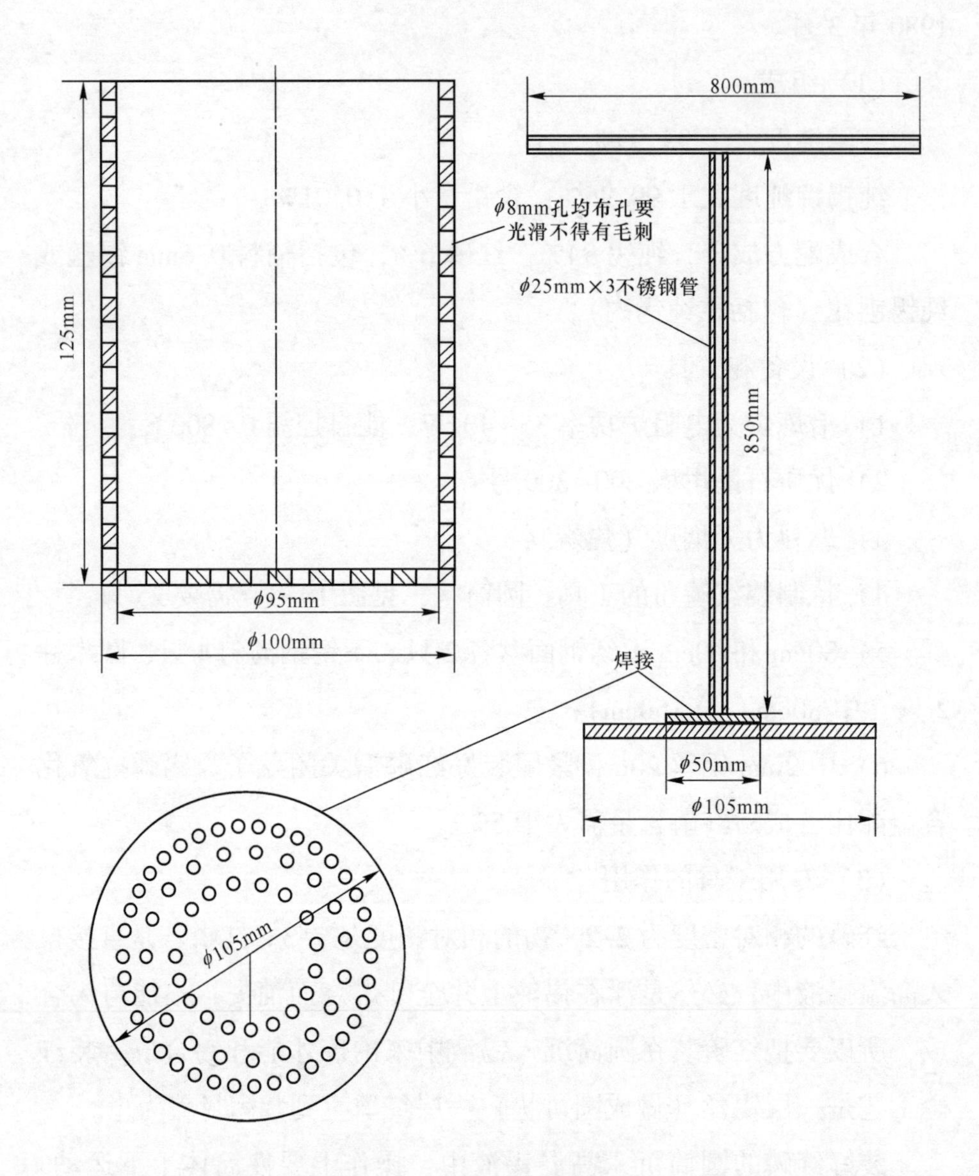

图 10-1　抗氧化合金常用工具

作，磷粉会因碰撞而起火。操作现场不能有明火，不能在现场附近吸烟。必须在大的不锈钢盆内装红磷粉，不能把粉末散落在盆内，更不能撞击粉末以免起火。

基料纯锡的液态温度应控制在600~650℃。锡液温度定在600~650℃的原因是红磷的熔点是590℃，低了红磷粉熔不进锡中，高了红磷粉就大量燃烧升华，造成磷损失，达不到含磷大于5%的指标，影响抗氧化效果。

红磷粉全部熔完后，在石墨坩埚中，锡磷合金熔液上会浮起一层黑色的浮渣。这是磷元素的残留物，会影响铸锭合金的质量，必须设法除去。可试用木屑在锡液降温450℃时除去，然后升温到650~700℃，浇铸成锭。如果铸造温度过低，会影响合金锭的质量。

10.5.2 第二代抗氧化合金

第一代抗氧化合金在电子工业中20余年的实践效果显著。无铅焊料兴起后，其有几点性能不能适应使用要求，例如：

（1）它的工艺温度不适应在波峰机和喷工艺上，无铅焊料工艺260~270℃的要求。

（2）抗氧化薄膜太活泼，不能定膜，有害焊接强度。

（3）第一代抗氧化合金的熔点达到420℃±10℃，太高不适宜电子工艺上的调整抗氧化性能使用，因波峰炉温，锡液温度达不到300℃以上。

在不能满足电子工业新工艺的情况下，第二代的抗氧化锡合金在2003年研发成功。它的配方成分是（无铅焊料，以1000kg为基础）：

（1）纯锡，余量铜0.5%~0.7%。

（2）SnP 合金1‰~1.2‰（即是第一代锡磷合金）。

（3）镓0.015‰（即15g），镓的成分为99.99%。

要是有铅焊料Sn60/Pb40，以1000kg为基础，配方成分为：

（1）锡 60%；

（2）SnP 合金 1‰~1.2‰（即是第一代锡磷合金）；

（3）镓 0.015‰（即 15g）；

（4）余量为铅。

以冶炼无铅锡焊料为例，它是在容量为 1000kg 的锡焊料锅中冶炼的。先投入纯锡（预留 200kg），熔化后，升温到 420℃，投入锡磷抗氧化合金。熔化后投入预留的 200kg 纯锡，以降低锡液温度，最后投入 15g 镓，在 320~350℃液温时搅匀即可铸锭完成。

第二代抗氧化合金的优点是：

（1）抗氧化膜性能稳定。

（2）焊接工艺抗拉强度性能高。

（3）其抗氧化锡液工艺操作温度能提高到 350℃。

第二代抗氧化合金的使用对象是波峰焊、热风整平工艺（线路板喷锡）。

10.5.3　第三代高温抗氧化合金

随着高温焊接元器件，浸焊工艺兴起，如漆包线、微型变压器、铝线搪锡、电子元件浸焊工艺等要一次去漆搪上锡，有的锡焊料液态温度需达到 480~500℃。因此第一代和第二代抗氧化合金就不能胜任。第三代高温抗氧化合金于 2005 年制成，其能承受 500℃工作温度，投入量仅需 1.2‰即可。

以 1000g 为基础，第三代高温抗氧化合金配方为：

（1）纯锡 589.5g。

（2）第一代锡磷抗氧化合金 350g。

（3）金属镓 60g。

（4）铟 0.5g。

合成冶炼工艺：先投入纯锡，液温升至 420℃，再投入锡磷抗氧化合金，熔化后搅匀，降温到 350℃，投入镓熔化均匀后，形成糊状合金，铸造粒状锡合金锭完成。浇铸后，必须压平糊状体。

第三代高温抗氧化合金的锡焊料投入量是 1.2‰，熔化后其抗氧化浸焊使用工艺温度能达到 480～500℃，而且抗氧化效果稳定。

第三代高温抗氧化合金可以满足元器件浸焊温度需要，投放量亦可各异，可参考投入量鉴定见表 10-4。第三代合金的熔点仅为 320℃±10℃，在热风整平、光伏焊带焊料，抗氧化效果很好，故深得锡焊料企业下游用户的欢迎，并广为使用。

10.5.4　第四代无黏度抗氧化合金

第二代和第三代抗氧化锡合金中的配方中都添加有镓。镓的功能是：

（1）稳定磷的抗氧化薄膜的活泼性，提高焊接强度；

（2）提高抗氧化锡液的工艺温度有利于无铅化。锡焊料的焊接工艺温度，可以从 280℃提升到 350℃。

多年的应用证明，第二代和第三代抗氧化合金镓的黏度很浓，不适宜用在波峰焊机工艺中。锡液峰的剧烈震动，对抗氧化要降低锡渣锡灰效果并不显著，尤其是在双波峰焊机上。

在第二代和第三代抗氧化合金基础上，研制成第四代无黏度抗氧化合金，适应在波峰焊上使用，其抗氧化效果显著。

第四代的配方，以 1000g 为基础，SnP 300g，Sn 693g，Ga 7g。

第四代无黏度抗氧化合金的冶炼工艺为：

（1）先投入纯锡，熔化后升温到 420℃，然后投入 300g 的 SnP

合金熔化搅匀。

（2）把锡合金液温降到350℃，除去液面渣灰后，投入Ga 7g。

此合金特点是氧化膜光亮，流动性很好，经使用很少产生黏度，抗氧化效果很好。

第四代无黏度抗氧化合金在波峰焊机投入量为1.2‰，适宜在波峰焊机、线路板、热风整平使用。

10.5.5　第五代抗氧化锡合金

第五代抗氧化锡合金是目前性能最优的抗氧化合金，它的优点是：

（1）液面抗氧化膜稳定光亮、柔和、细腻、清逸。

（2）焊接工艺使用温度可达350℃，工艺温度适于在波峰焊、线路板、热风整平、光伏焊带热镀锡工艺。低温热浸焊工艺低于350℃，都是适宜应用的。

（3）它的被焊体强度高，耗锡少。

（4）抗氧化性能好，锡渣、锡灰产出量低。

但锡焊料成本比第一代、第二代略有提高，每吨提高500元左右，原因是金属锗价格贵。

第五代抗氧化锡合金的组成为：纯锡，纯度大于99.95%；锡磷合金，含P需大于5%；金属锗，纯度大于99.99%；微量x_1+x_2。组成含量详见表10-6。以冶炼Sn60/Pb40或Sn63/Pb37为例，锡焊料1000kg为基础，则

（1）纯锡598.14kg。

（2）锡锗合金2.5kg。

（3）SnP 0.6kg。

（4）$x_1+x_2=1\text{kg}$，$x_1=0.6\text{kg}$，$x_2=0.4\text{kg}$。

（5）纯铅 397.76kg。

锡锗中间合金工艺如下：

（1）配比：锡为 98%，锗为 2%。

（2）在石墨坩埚中，先投锡，熔化后升温到 1100℃以上。

（3）为防止锗元素升华，需在锡液面上投入氯化钾作为覆盖剂。

（4）把锗锭用工具夹住缓慢浸入锡液中熔化。

（5）在明确证明锗金属熔入锡液后，经搅拌均匀即可在锡液降温至 700℃左右完成铸锭。

铸锭后，合金锭面上若是呈现鹅黄色，说明冶炼成功，锗元素已熔化在锡元素中。

第五代抗氧化合金的成果效力，锡锗合金的质量是关键。

综合冶炼工艺（以锡焊料 Sn60/Pb40 为例）如下：

（1）先投铅锭并升温至 420℃；

（2）投入锡磷抗氧合金并熔化；

（3）投入纯锡，全部熔化后搅匀；

（4）在合金熔液温度在 350℃时，投入锡锗合金；

（5）最后把 x_1 和 x_2 浸入合金液中熔化，然后去掉液面上渣和灰，铸锭完成。

11 焊锡丝助焊剂配方

11.1 无铅焊锡丝

无铅焊锡丝种类见表 11-1~表 11-4。

表 11-1 常用传统型（普及活性）

化学品名称	重量/g	等 级
癸二酸	30	
己二酸（或二溴丁二酸）	30	CP
环己胺氢溴酸盐	70	
二溴丁烯二醇	50	
月桂酸	20	
水白松香 301 号	4000	

注：另外添加二丙二醇甲醚 200ml。

表 11-2 中级活性（能焊镀镍元件）

化学品名称	重量/g	等 级
二已胺盐酸盐	70	CP

续表 11-2

化学品名称	重量/g	等　级
5-氯代水杨酸	20	
己二酸	60	
二溴丁烯二醇	50	
溴化肼	8	
水白松香 301 号	4000	

注：另外添加二丙二醇甲醚 250ml。

表 11-3　较强活性（适用于锡丝 ϕ<0.5mm 的焊镍元件）

化学品名称	重量/g	等　级
己二酸	30	
5-氯代水杨酸	30	
月桂酸	20	
二甲胺盐酸盐	65	CP
环己胺氢溴酸盐	40	
二溴丁烯二醇	60	
溴化肼	12	
苯并三氮唑	3	
水白松香 301 号	4000	

注：另外添加二丙二醇甲醚 250ml。

表 11-4　强活性能焊镍件

化学品名称	重量/g	等　级
二甲胺盐酸盐	70	CP
5-氯代水杨酸	50	
月桂酸	35	
环已胺氢溴酸盐	50	
二溴丁烯二醇	60	
溴化肼	12	
苯并三氮唑	3	

注：另外添加二丙二醇甲醚 250ml。

11.2　焊锡丝助焊剂

其他焊锡丝助焊剂见表 11-5~表 11-12。

表 11-5　有铅低度焊锡丝（<45%）

化学品名称	重量/g	等　级
二甲胺盐酸盐	65	CP
癸二酸	30	CP
二溴丁二酸醇酸	40	
环已胺盐酸盐	45	
二溴丁烯二醇	70	

续表 11-5

化学品名称	重量/g	等　级
溴化肼	12	
苯并三氮唑	3	
水白松香 301 号	4000	无水分

注：另外添加二丙二醇甲醚 250ml。

表 11-6　水溶性助焊剂

化学品名称	重量/g	等　级
二甲胺盐酸盐	200	CP
5-氯代水杨酸	150	CP
癸二酸	150	
二溴丁烯二醇	250	
溴化肼	16	
基料为聚乙二醇重量	4000g	

注：1. 以聚乙二醇取代松香为基料；

2. 使用温度为 80~100℃，用高温玻璃容器配制，注意安全；

3. 聚乙二醇全部溶化后，投入活性剂后放入压机桶内，气压 0.2MPa；

4. 开始挤出的 ϕ9.0mm 粗丝，头端需封口，防止助剂流失；

5. 该焊锡丝焊后，焊点助焊剂残余用水或温水即能洗去，不如松香型，要用清洗剂才能洗清；

6. 焊点清洗后，元器件需烘干，防止漏电；

7. 此焊锡丝北方使用较广；

8. 聚乙二醇是无酸值的物质，故而活性剂量是松香型的 3~5 倍。

表 11-7　有铅高度锡（50%~63%）

化学品名称	重量/g	等　级
二乙胺盐酸盐	50	CP
己二酸	30	
癸二酸	20	
二溴丁烯二醇	55	
环己胺氢溴酸盐	55	
水白松香 301 号	4000	

注：另外添加二丙二醇甲醚 250ml。

表 11-8　含松香型中性配方

化学品名称	重量/g	等　级
癸二酸	20	
月桂酸	50	CP
二溴丁二酸	30	
环己胺溴酸盐	60	
二溴丁烯二醇	60	
水白松香 301 号	4000	

注：另外添加二丙二醇甲醚 250ml。

表 11-9　免清洗配方

化学品名称	重量/g	等　级
二溴丁二酸	60	CP

续表 11-9

化学品名称	重量/g	等　级
环已胺氢溴酸盐	60	
癸二酸	40	
二溴丁烯二醇	50	
水白松香 301 号	4000	

注：另外添加二丙二醇甲醚 250ml。

表 11-10　表面活性剂种类

化学品名称	状　态　性　质
无水甘油	液态
二丙二醇甲醚	液态
脂肪胺聚烯醚	液态
氢化松香甲酯	半液态

添加表面活性剂的作用有：

1. 消除松香在锡丝脆性，降低拉丝时的阻力，起塑性功能，特别有利于 0.5 以下细丝操作；

2. 能减少在焊接时的金属元素张力；

3. 提高焊接性能及助焊剂的润湿性；

4. 在配制助焊剂可选其中之一，用量在 150~250ml 之间；

5. 氢化松香甲脂能减少焊接时飞溅烟雾，但不能超量，以免造成焊接时黏度增高。

表 11-11　活性剂配方

化学品名称	重量/g	等级	
苯并三氮唑	3~5	CP	能缓减助焊剂对元件材料的腐蚀性
二乙醇苯唑	4~6	CP	

表 11-12　焊镍元件活性剂专用性能强烈

化学试剂品	配量/g	等　级
二甲胺盐酸盐	70	CP
己二酸	40	CP
5-氯化水杨酸	20	CP
环己胺	40	CP
二溴丁烯二醇	60	CP
月桂酸	30	CP
溴化肼	12	CP
苯并三氮唑	3	CP

注：1. 添加二丙二醇甲醚 250g 或 250ml；

2. 上述助焊活性剂一份配水白松香 4kg；

3. 使用二甲胺盐酸盐或二乙胺盐酸盐化学品，其质量品位必须纯度是 CP 以上，因该品易于受潮而造成焊接元件漏电。

11.3　配制固体助焊剂中二甲胺盐酸盐残余沉淀物检测

（1）助焊剂代号

无铅助焊剂 A-1 使用二甲胺原料（工业级），代号为 1。

无铅助焊剂 A-1 使用二甲胺原料（CP 级），代号为 2。

（2）原料状态

1号助焊剂散装、湿度大、结晶粗大、氨味浓。

2号助焊剂塑料瓶密封包装，较干燥、结晶细化、部分呈结块。

（3）投料

1号助焊剂和2号助焊剂配制工艺操作流程相同。

投料量为：水白松香301号为2kg其中二甲胺盐酸盐35g（工业级）；活性剂（1）131g；甲醚（2）125g。

先熔化松香，控温140~145℃。松香全部熔化后投入甲醚，用机械搅拌5min。投入131g活性剂，随机搅拌30min以上，转速在120~150转/min。

整个操作程序均控制在140~145℃进行。

搅拌完成后，液体助焊剂静置5min，然后缓慢倒入油压机上盛助焊剂的另一个容器中，呈现1、2配方中都有沉淀物，主要物质是有机盐（卤素）的残渣，并伴有油脂类物质。经检测，沉淀物同样存在为淡黄色，较干燥，无油脂状黏物溢出，亦存在漏电现象，残渣物重量约26g，为总量的1.22%。

（4）沉淀物的对比

1号沉淀物，二甲胺是工业级，色泽深色，沙粒状松散物质，并伴有油脂性物质，能渗透包装纸。该油脂能溢出似流体，放在塑料袋中经三天能流出水分。沉淀重量约50g，为总量的2.34%，经检测绝缘电阻高，属漏电物质。

该1号助焊剂再经160℃、大于20min搅拌试验，仍有沉淀物，但量少一点，颜色变深咖啡色。

2号沉淀物，二甲胺是CP级，色泽淡黄，砂粒状结块物质，伴有少量油脂状物质，不溢出，较干燥，无水分。沉淀量少，约30g

为总量的1.41%，经测定也属漏电介质物质。

（5）检测研究结论

1）在活性剂配方，二甲胺会造成固体助焊剂中存在盐类（卤素）残余沉淀物，且残余量与添加量成正比，同时二甲胺纯度质量越优，残余沉淀物的量也越少。

2）同样是二甲胺，2号助焊剂的二甲胺纯度好，达CP级，因此其对应残余沉淀质量较干燥，无明显的油脂性流体，沙粒状残渣黏度轻，故虽也是漏电介质但电阻率相对较低，并且有卤素残渣外无其他附质。但是工业级的二甲胺其残余物为沙粒状，黏度大，伴有油脂性流体，漏电面积大。

3）在活性剂的配料中，使用有机胺盐是很难避免的，因为其能提高对焊接金属元器件的去膜力，缩短锡丝上锡时间（俗称好焊），但其腐蚀性也高。经多年工艺实践，在有机酸盐类中，二甲胺、二乙胺、溴胺氢溴盐中都存在一定量的卤素，有害于绝缘电阻。但是，环已胺酸盐在固体助焊剂中析出沉淀残余物很不明显，但其去膜力也不强。

4）长期的工艺实践证实，配制固体助焊剂放入活性剂搅拌工艺完成后，必须静置4~5min，促使盐类、卤素残余沉淀物、有害物等不进入焊锡中，以提高助焊剂的质量。

5）凡投放入的有机酸与盐类原料必须是优质的CP（化学），甚至是AR级，不能使用工业级的化工原料。

12 锡焊料硫磺除铜新工艺（环保型）

锡焊料硫磺除铜新工艺要点如下：

（1）原锡焊料含铜量为1.0%~5.0%，本工艺以含铜量1.0%~2.0%为基础。

（2）除铜新工艺后，锡焊料含铜量仅为0.005%~0.01%，回返为新焊料，其含锡量不变。

（3）原含铜锡焊料对象中，光伏铜带镀锡的回料（包括捞铜的回料），波峰焊含铜量为0.30%~1.0%和热风整平（线路板喷锡）工艺中波峰炉铜超过0.30%。

（4）除铜整个工艺无烟、无味。

（5）若锡焊料含铜量在（1.0±0.1)%，仅须3个操作工艺流程，就可使含铜量降到0.01%以下。除后，优质新锡焊料取得率为90%~95%。

（6）以锡料1t为标准，硫磺耗量为3~4kg，硫磺粉质量需为CP级（即升华硫），最佳是AR级。

（7）当含铜量小于1%~2%需要除铜，锡液工作温度一般为210~220℃，不得超250℃操作，超温会造成硫磺粉气化，违反环保原则。

（8）每次放硫磺在 15～20min 完成，分多次投粉。

（9）当每次投粉后，锡液面浮起硫化铜粒与锡液混在一起，为银白色。糊性浮渣在不停搅拌下需变成黑色浮渣才可捞除，费时在 30min 以上。

（10）每次捞浮起铜渣后，静置约 20min，方可再次进行投硫磺粉操作工艺，否则除铜效果降低。

（11）在正常操作情况下，每 1t 含铜锡焊料需投硫磺粉三次，每投一次粉清理后应取样分析含铜量，以证实除铜的效果。

（12）以 1t 料为基础，在含铜量小于 1.0%的情况下，一般投放硫磺三次，第一次投放 1.5kg，第二次投放 1kg，第三次投放 1kg，合计 3.5kg，可视效果调整。

（13）若锡铅回料中铜含量达 4%～5%，该料由于本身熔点已高，操作温度需提到 400℃左右。低于熔点，添加的硫磺不与锡料中的铜元素反应生成硫化铜颗粒，无法实现除铜。锡液中泛起硫化铜颗粒越大（似黄豆大），证明效果就越好；若颗粒为芝麻状态，说明含铜量不高。除铜时温度越高，它的气味越重，越要注意人员的健康防护。采用的硫磺粉一定要用升华硫，最好 AR 级，不能采用工业级的硫磺，以免达不到实效。

除铜设备条件如下：

（1）能熔化锡焊料 1.2t 以下的电炉一台，电功率大于 50kW，炉温应能自动控制。

（2）须有自动搅拌装置。

（3）浇铸锡焊料模具一台。

（4）手操作测温度仪一只。

（5）必需的其他操作工具。

操作工艺为：

（1）把1t含铜锡焊料投入电炉锡锅中，启动电源控温300℃熔化，待锡料熔化70%左右停止升温，把锡料液温降至200~220℃，待锡料全部熔化后，搅拌10min，静置15~20min，捞去浮渣后进行搅拌，转速为120~130r/min，陆续把硫磺粉投入锡液搅拌形成的旋涡中，分多次投入，直至1.5kg硫磺投完，见到锡液面上浮起大量的铜粒和锡液混在一起呈银白色糊性的浮渣，在不停搅拌的情况下，需把银白色浮渣变成黑色渣和铜粒的渣灰捞出干净之后，将锡液静置20min，并取样分析铜含量，一般含铜量应减少50%。

（2）第二次启动搅拌按（1）的方法再投硫磺粉除铜一次，此时锡焊料的含铜量应在0.05%以下，耗硫磺粉1kg。

（3）按上述操作方法第三次除铜，锡液上浮已比（1）、（2）减少，在搅拌状态中升温至500℃，变成黑色渣灰捞出清净，取样分析。此时锡焊料铜含量已达0.005%~0.01%，证明除铜工艺已完成。待锡液在500℃情况下搅拌至15min，使锡焊料中硫磺残余全部挥发，才能浇铸锡焊料，成为全新的锡焊料。供新的产品使用。最后，在500℃下的搅拌应引起关注，否则铸造的焊锡条表面会留有硫磺的残余黑点。

13　超细 ϕ0.10mm 焊锡丝的制造工艺

2004 年，电子工业中连接线总成元件蓬勃兴起，宽度仅 10mm 集成板中要焊接 10 支线的焊点，迫切需要 ϕ0.10mm 含助焊剂的焊锡丝。但是要在普通拉丝机上完成研制，确定存在一定难度。幸好那时 ϕ0.25mm 的焊锡丝已研制成功，并已大量供货，细丝工艺已有较多的实践经验。

线径仅有 ϕ0.10mm 除去中心孔径 ϕ0.02mm，实际空心锡管的壁厚小于 0.04mm，它的抗拉强度肯定很低，在拉伸中易断丝。故在整个工艺中，每一道都要设法做到以下几点：

（1）提高它的抗拉强度，减小磨损系数。

（2）在助焊剂性能上强化焊接力度，以缩小助焊剂的含量，增大锡管的壁厚。

（3）改进拉线模质量，调整拉伸压缩比，防止断丝。

（4）消除拉丝机振动性，达到平衡运转。

（5）提高宝塔轮精度以消除摩擦力。挤出的 ϕ7mm 粗丝，不能挤出就上拉丝机，要冷却一天再拉，以提高其合金结晶强度。

对拉丝机有如下要求：

（1）宝塔轮要提高精磨后再镀镍，精磨后其槽径光洁润滑，不损伤锡丝，提高拉伸强度。

（2）辊轮电动机不能使用三角胶带，需改为固定键带，以使宝塔轮运转平衡，消除因摇动产生的断丝。

（3）拉丝机应采用热拉工艺，拉丝液温度以 50~60℃ 为宜，以减小它进丝的摩擦系数。

（4）拉丝机进线的进口，应改进直线而不是斜线，以减少断丝量。

（5）线径压缩在 ϕ0. 02mm 以下，连拉模量应在 5 只以下，确切只数要在实际操作中调整。

（6）在完成 ϕ0. 10mm 成品，每卷绕丝重量以 100~200g 为宜。

超细 ϕ0. 1mm 焊锡丝制造具体工艺如下：

（1）锡合金配方为：银 3. 5%、铜 0. 25%、镍 0. 05%、铋 0. 10%、锡为余量。

（2）锡合金挤压坯，不得有夹层，去除氧化物。

（3）挤压粗丝 ϕ7mm 为宜，助焊剂空径约 ϕ1. 5mm；必须在中心不应偏斜，以提高抗拉丝强度。

助焊剂配方如表 13－1 所示。拉丝模配模压缩比如表 13－2 所示。

表 13-1 助焊剂配方 (g)

化学试剂	配　量	化学试剂	配　量
二甲胺盐酸盐	70	月桂酸	30
己二酸	40	溴化肼	12
5-氧代水杨酸	20	苯并三氮唑	3
环己胺	40	化学品均要 CP 级	

续表 13-1

化学试剂	配　量	化学试剂	配　量
二溴丁烯二醇	60	合计	275
每份配水白松香 4000		外加二丙二醇甲醛 250	

表 13-2　拉丝模配模压缩比

进丝第一组合/mm					进丝第二组合/mm			
0.30	0.29	0.28	0.27	0.26	0.145	0.140	0.135	
0.25	0.24	0.23	0.22	0.21	0.130	0.125	0.120	
0.205	0.200	0.195	0.190		0.115	0.110	0.105	0.100
0.185	0.180	0.175	0.170					
0.165	0.160	0.155	0.150					

14　锡合金常用冶炼锅

1960~1970年期间，上海的国企大型企业熔锡冶炼锅以铸铁为主体，铁锅容量为5t，多座锅厚度为25mm，燃料是有烟煤，设有总烟道与烟囱，高达5m，配备有3kW鼓风机。铸铁锅寿命较长，可用三年以上，经济又实用。

20世纪80年代开始加强环保管理，不允许排放烟灰，熔锡冶炼改用柴油炉，锅子用不锈钢，容锡量改为1~1.5t，锅厚8mm，也需烟道。此方式，锡合金熔化快，1t冷料冷锅需三刻钟能全部熔化，但是锅子损坏很快，寿命不到一年，若使用不当仅六个月就变形漏底。原因是柴油喷嘴火焰直喷锅壁，二是锡元素能渗蚀不锈钢锅板材质的镍元素，锅底损蚀而穿漏，寿命短，成本高。特别要注意的是最好不要使用钛合金锅，其寿命更短，锡元素更能损蚀钛元素。另外，损坏锅子材质的另一元素是锑，锑量越高，锅子寿命越短。高含量的锑中间合金应使用石墨坩埚来熔炼，不要使用上述熔锅。锡合金的冶炼不论有铅还是无铅，最理想是使用煤气炉，熔锅用铸铁锅，不仅熔化时热能均匀，而且又环保无烟气，但是供气在工业上有一定限制，设备费用耗资大。

使用石墨等坩埚是熔炼高温元素如铜、镍、银、钛、稀土等元素的最佳熔锅，最高锡合金液温能达1500℃以上。烘坩埚技术是影响其寿命的关键，要经过低温2h的缓慢烘烤使坩埚内湿气蒸发，要绝对干燥才能使用，否则熔炼使用一炉就要爆裂报废。使用石墨等材质坩埚操作投料需轻放，不能撞击，否则易碎损坏。要是冶炼锡钛合金应采用刚玉坩埚，其炉温可高达1800℃，适合钛元素的熔点。但是刚玉坩埚的成本是石墨坩埚的3倍左右。熔锡锅种类见表14-1。

表14-1　熔锡锅种类

熔锡锅品名	厚度/mm	能源	锡料容量	耐热温度/℃	寿命/年	说　明
铸铁锅	10~25	燃 煤	1~5t	1200	5	要是经常冶炼锑合金寿命仅1年左右
不锈钢锅	5~10	电柴油	1~1.5t	1200	1	烧柴油1年会变形而裂
钛合金锅	3~10	电 煤	5~300kg	1350	0.5~1	锡会损蚀钛锅
石墨坩埚	15~30	电 煤	100~400kg	1550	2	操作需细心，防破碎
刚玉坩埚	10~20	电 煤	50~100kg	1800	3	操作需细心，防破碎
石英坩埚	6~15	电 煤	10~25kg	1500	2	操作需细心，防破碎
高温陶瓷锅	5~10	电阻炉	5~10kg	1000	1	操作需细心，防破碎
耐火砖熔锅	80~100	柴油	铝合金800kg	1200	5	熔炼铝合金
平炉熔池锅	1.5~5	燃煤	1~3t	1650	3	锡、铅、渣灰还原需烟道，烟囱高大于4m

续表 14-1

熔锡锅品名	厚度/mm	能源	锡料容量	耐热温度/℃	寿命/年	说　明
耐火泥土锅	5~8	燃煤	10kg	1300	一次性	土渣渣灰还原炉需耐火，泥打的需晒干，一次性使用
石英砂打造锅	8~12	电感应炉	50~100kg	1600	2	感应中频炉
熟铁锅	3~5	液化氧	200kg	600	2	零星锡焊料配制